军迷·武器爱好者丛书

战斗机

吕辉 / 编著

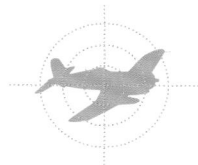

辽宁美术出版社

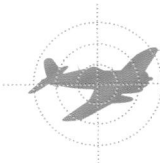

前言
Foreword

　　1903年，美国的莱特兄弟发明出飞机，使军方逐渐认识到飞机在战争中的价值，于是军方开始将飞机装备到军队里，不过最初只用来在临敌占区上空侦察敌情。飞机在侦察中，不免会出现敌对双方的飞行员相遇，用刀、石头、手枪、手榴弹互相攻击，这就是"战斗机"的起源。

　　1915年4月1日，法国飞行员加罗斯驾驶装备了"偏转片系统"的"莫拉纳·桑尼埃"单翼机击落了一架德国侦察机，取得了空战史上的第一次胜利。随后，德国的福克E单翼机由于装备了具有划时代意义的"射击断续器"，一跃成为真正的战斗机，它以其优异的飞行性能和更猛烈的火力，击落了协约国众多的各种战机，制造了令协约国叫苦不迭的"福克式灾难"。正是福克式战斗机，让德国"红色男爵"里希特霍芬取得击落敌机80架的战绩。

　　一战结束后，意大利军事理论家杜黑根据飞机在一战中的运用，第一次比较系统地提出空军建设和作战的理论。他预言："无论陆地还是海上，今后制空权将决定一切。"正是由于这些因素的影响，20世纪30年代，军用飞机在英法德美苏日等国得到迅猛发展，各种作战用途的军用飞机涌现。

　　二战是人类有史以来规模最大的一场战争，空军的巨大作用得到了充分的展示。其飞机种类、作战规模、战场表现，远远不是一战时期的战斗机所能比拟的。一时间涌现出了众多战

斗机明星，德国的Bf-109战斗机、Me-262战斗机，日本的零式战斗机，英国的喷火式战斗机，美国的P-38战斗机、P-47战斗机、P-51战斗机，苏联的伊-16战斗机、拉格-5战斗机，各逞其能，各领风骚。

二战之后，战斗机不断更新换代，速度、火力、防护性越来越强，其作战能力也越来越强调综合性、多用性。

如今的第五代战斗机，实现了真正意义上的陆、海、空、天、电、网一体化，实现了基于物联网的互联互通操作。

战斗机上所挂载的武器也越来越先进，从非制导武器，如航炮和一般自由落体炸弹，到制导武器，如无线电遥控炸弹、激光制导炸弹、电视制导炸弹和空地导弹、空舰导弹和反潜导弹等，显示出超强的打击能力。

战斗机自诞生以来，在抗击侵略、维护和平等方面一直发挥着重要作用，它是所有机种中最受关注，最为人们所津津乐道的。有鉴于此，我们组织编写了《军迷·武器爱好者丛书：战斗机》这本书。本书选取了世界上100余种著名战斗机，从多个方面简明扼要地介绍其特点，同时为每种战斗机配备高清大图。

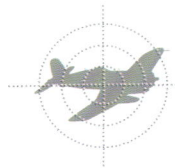

目 录
Contents

战斗机的历史

一战前后

1903年12月17日，美国的莱特兄弟驾驶"飞行者"1号，用59秒飞了260米，这一次飞行具有里程碑的伟大意义，成为飞机诞生的标志。

莱特兄弟再接再厉，不断改进，又设计了"飞行者"2号和3号，到"飞行者"3号时，它能够完全进行机动飞行了——能倾斜，能转弯，能轻松地绕圆圈，能按"8"字形飞行。1905年10月5日，威尔伯驾驶着它飞行了38分钟，航程达到39千米。

莱特兄弟确信"飞行器的时代终于来到了"，他们的"飞行者"3号已经是一架可供实用的飞机了。他们相信飞机在军事侦察上很有价值，便向美国陆军游说，但陆军部反应十分冷淡；他们又找英国政府游说，结果同样令人失望。

然而，随着各种飞行器的不断升空，终于引起美国军部的注意。1908年2月，美国陆军部终于同意去观看莱特兄弟的一次正式试飞，试飞十分成功，令陆军部大感意外，结果在3月便达成了订购3架飞机的协议。同年8月8日，威尔伯·莱特到法国进行了首次公开表演，大获成功，立即成了世界各国的头条新闻，受到了全世界的瞩目。

▲ 莱特兄弟，哥哥威尔伯·莱特（左），弟弟奥维尔·莱特（右）

▲ 莱特兄弟"飞行者"1号的首次飞行。摄于1903年12月17日。奥维尔担任驾驶员，威尔伯在翼尖处跟跑

◀ 第一次世界大战爆发时飞机才刚刚诞生不久

　　1909年，莱特兄弟创办了"莱特飞机公司"。也是在这一年，美国陆军装备了第一架军用飞机，最大速度68千米/小时。同年制成1架双座莱特A型飞机，用于训练飞行员。从此飞机开始用于战争目的。

　　一战中，交战双方的飞行员遭遇时，往往利用各种武器互相攻击，如手枪、石头等，企图击落飞机或击毙飞行员，这就是战斗机空战的开端。

　　1915年4月1日，法国航空兵罗兰·加罗斯驾驶装备了"偏转片系统"的"莫拉纳·桑尼埃"L型飞机击落了一架德国侦察机，取得了战斗机空战的第一次胜利。然而一战中最好的战斗机当属德国的福克E，它装备了性能更好的射击断续器装置，其优异的飞行性能和更猛烈的火力，使其成为击落飞机数量最多的战斗机，制造了被协约国痛呼的"福克式灾难"。

▲ 罗兰·加罗斯

▲ 首装射击同步协调器的"福克"式飞机

不过，此时的战斗机还处在萌芽阶段，机体多以木材加上布料蒙皮构成，机翼从单翼到三翼都很常见，武器主要改自陆军使用的轻机枪。英国曾经使用火箭迎击飞临英国土地上空的德国飞艇。

特别值得一提的是，射击断续器是这一时期对未来空战影响极大的一项发明，它由荷兰人发明，能让机枪的子弹在转动的螺旋桨间隙中射出，飞行员完全不用担心子弹会与螺旋桨撞击，从而造成危险，且机枪的位置设置能够接近飞行员的瞄准线，从而大大提高了精准度。

这一时期，战斗机的基本形态有了雏形：以小型机为主，强调运动性，有向前射击的固定武器装备。

20世纪初叶，美国的工业和科技基础都比不上欧洲老牌强国。尽管莱特兄弟发明了飞机，但是美国并没有能力将航空技术发展推进，很快就被英法德等国甩在后面。一战中，美军少量的飞机都是欧洲设计的。20世纪二三十年代，欧洲航空技术仍然处于领先地位，尤以德国和英国最为引人注目。

▲ 第一次世界大战中英国空军装备的 O/400 轰炸机

▲ 法国的布雷盖 Br.14 轰炸机

　　早期飞机一般使用桨叶角固定不变的螺旋桨,它的结构简单,成本低,但满足不了飞行速度的变化。当飞行速度大于200千米/小时就需要用变桨距螺旋桨,才能提高螺旋桨的效率。但这种螺旋桨构造复杂,成本较高,只用于一些速度较高、功率较大的飞机。

　　飞机最初基本上使用活塞式发动机作动力装置驱动螺旋桨。20世纪20年代末,英国空军教官弗兰克·惠特尔设计了一种喷气发动机,并于1930年申请了专利,他的设计十分前卫,飞机制造商们都不敢尝试。惠特尔对自己的设计充满信心,四处奔走寻求合作者。1935年,他得到一些空军人员的支持和银行家的资助,成立了"动力喷气有限公司"。同年6月,惠特尔开始制造真正的喷气发动机。他和同事们经过不懈的努力,反复的试验,终于制造出第一台涡轮喷气发动机。

　　然而,英国人并没有将之用到飞机上,最早发明喷气式飞机的是德国飞机设计师亨克尔。1939年,亨克尔找到研制喷气式发动机的奥海因寻求合作,两人一拍即合。两位怀揣梦想的青年分工协作,一个负责设计飞机,一个负责设计涡轮发动机,经过反复的磨合与调试。1939年8月27日,凝结两人汗水与心血的He-178喷气式战斗机试飞成功,标志着飞机从此进入喷气时代。

二战时期

一战结束时，战斗机的最大飞行速度是200千米/小时，最大升限达6千米，重量接近1吨，发动机功率169千瓦，飞机配备7.62毫米的机枪。当时著名的战斗机有德国的福克D、福克E，英国的S.E.5，法国的Spad等。二战爆发时，战斗机的最大速度达到了700千米/小时，飞行高度达11千米，重量达6吨，所用活塞式航空发动机制功率接近1470千瓦。武器则由机枪发展到20毫米的机炮和空空火箭。瞄准系统已有能作前置量计算的陀螺光学瞄准具。这一时期著名的战斗机有英国的喷火式战斗机和"流星"喷气式战斗机，美国的P-51、P-47、F-4U、F-6F，日本的零式战斗机、KI-43，苏联的雅克-3、拉格-5/7，德国的Bf-109、Fw-190和Me-262等。

拉格-5/7是苏联卫国战争中的主力战机。到二战结束，总产量达15825架，其中9920架拉格-5、5905架拉格-7。"斯大林之鹰"是苏联人对二战中苏联英雄飞行员的尊称，拉格-5/7飞机正是培养这些王牌飞行员的摇篮，其中包括最著名的王牌飞行员阔日杜布。他曾驾驶拉格-5或拉格-7战斗机创造了击落敌机62架的最高纪录，拉格-7的速度是当时顶级水准，并且性能优良，机载火力比Bf-109还要好。

零式战斗机是二战时日本海军航空兵和陆军航空兵装备的主要机种之一，被日军吹捧为"万能战斗机"。1939年4月1日，该机首次试飞成功。1940年7月，零式战斗机进入正式编制。零式战斗机采用了当时所能采用的一切先进理论和技术成果，具备了重量轻、转弯半径

▲ 梅塞施密特 Me-262 喷气式飞机

▲ F-6F "地狱猫" 战斗机

小、机动灵活、火力强、航程远、速度快等世界级优秀战斗机所具有的一切优点，称得上是日本飞机设计的重要里程碑。太平洋战争初期，零式战斗机性能优越，特别是其机动性和续航力更是独步天下，无人能及。当时美国的F2A"水牛"、P-40"战鹰"等战斗机面对零式战斗机一筹莫展。在新加坡、菲律宾等地，完全是零式战斗机的天下。

　　1943年之后，随着美国推出的F-6F"地狱猫"战斗机，零式战斗机的性能优势开始丧失。等到美国F-4U、P-38、P-47、P-51等优秀战斗机大量服役，零式战斗机无论从性能还是数量上均处于劣势，其机体脆弱的缺点逐渐成为致命伤，因此在特鲁克和马里亚纳海空战中零式战斗机几乎成为被猎杀的飞鸟。战争后期，零式战斗机已无法胜任空战的任务，沦为神风特攻队的自杀飞机。

　　世界上最早投入批量生产并列装于部队的喷气式战斗机是德国的Me-262战斗机和英国的"流星"战斗机。Me-262战斗机是德国梅塞施密特飞机公司在二战末期为德国空军制造的一种喷气飞机。该机于1944年夏末首度投入实战，成为人类航空史上第一种投入实战的喷气式飞机。二战期间它取得了击落509架敌机，自损100架的战绩。该机采用的诸多革命性设计对战后战斗机的发展产生了非常重大的影响。"流星"战斗机是英国首架喷气战斗机，也是二战期间同盟国军队第一架拥有实战记录的喷气战斗机。它于1943年5月5日首飞，1944年7月27日在皇家空军616中队正式服役。它在气动设计方面并不成熟，因此在二战中的表现远不如Me-262。

二战以后

二战以后，喷气式战斗机普遍代替了活塞式战斗机，随着技术的发展，战斗机也在不断地升级换代。有鉴于此，美国、俄罗斯（苏联）对战斗机进行了分代。

第一代战斗机的最大速度M0.9-1.3；装航炮、火箭弹和第一代空空导弹；机上还装有光学—机电式瞄准具和第一代雷达。杰出代表是美国的F-86、F-100，苏联的米格-15、米格-19等。

第二代战斗机的最大速度M2-2.5，装第二代空空导弹和航炮；并装有第二代雷达和具有一定拦射能力的火控系统。杰出代表是美国的F-4、F-104，苏联的米格-21、米格-23，法国的"幻影Ⅲ"等。

第三代战斗机的最大速度与第二代相比优势不大，但增加了中距和近距格斗导弹、速射航炮；并装有第三代雷达和全方向、全高度、全天候火控系统和航空电子系统；机动性也有大幅提高。杰出代表是美国的F-15、F-16、F-18，苏联的米格-29、苏-27，法国的"幻影2000"、"阵风"，瑞典的JAS-39等。

▲ 美国 F-100 "超级佩刀" 战斗机

▲ 苏联米格-25"狐蝠"战斗机

第四代战斗机具有"4S"标准：隐身性能（Stealth）、超声速巡航能力（Supercruise）、高机动性与敏捷性（Super-maneuverability）、超级航空电子系统（Superior Avionics for Battle Awareness and Effectiveness）。杰出代表是美国的F-22、F-35，俄罗斯的苏-57等。

以上是传统的四代分法，在战斗机的分代上，国际上有一些分歧，目前没有形成统一的标准，2005年以后媒体使用俄罗斯五代机划分的描述，美国也基本沿袭了这一分代法。于是现在通常把上面提到的第四代战斗机称为第五代战斗机。

下一代战斗机是隐身无人机。与已出现的战斗机相比，下一代战斗机通过全翼身融合和大升阻比设计，使飞机在各种高度、各种姿态下的隐身性和机动性都得到了很好的兼顾。如果说第五代战斗机是基于信息系统，那么下一代战斗机就是基于物联网。实现了真正意义上的陆、海、空、天、电、网一体化，实现了基于物联网的互联互通互操作。目前，各大国正在抓紧研究，不断有惊人的成果爆出，相信不远的未来，它们必将惊世亮相！

P-36 HAWK
"鹰" 战斗机（美国）

■ 简要介绍

P-36战斗机，代号"鹰"，是美国柯蒂斯-莱特公司设计的一款战斗机。它采用低单翼、全金属半硬壳设计，起落架位于机翼下方，直接向后收起，但是机轮会旋转90°之后平贴于机翼。机翼外侧结构完全密封，以便迫降水面时提供浮力。尾轮也是可伸缩式，向后收起在机身内部。P-36是后来P-40战斗机设计的基础。

■ 研制历程

1935年，美国陆军航空队提出新的战斗机设计需求，要求它是全金属、低单翼，采用可伸缩起落架的设计，发动机采用XR-1670-5气冷式发动机，公司编号75型（Model75）。

柯蒂斯-莱特公司参与竞标，1936年6月，陆军向该公司提出3架75B型的生产订单，军方编号Y1P-36，发动机在陆军要求下改使用普惠R-1830-13。

1937年3月，第一架Y1P-36递交军方进行试飞，参与测试的人员对于新飞机的性能，尤其是运动性表示满意，无论是在各速度范围下操作面的控制与反应，还是在稳定性与地面操控性上都有很好的评价。当年7月，陆军向柯蒂斯-莱特公司提出210架P-36A的生产合约，这也是自一战以来数量最大的军用机生产合约。第一架量产型P-36A于1938年4月出厂送交军方。

▲ P-36 的外销型霍克 75M

◀ P-36 战斗机

基本参数	
长度	9.7米
翼展	11.4米
高度	3.7米
空重	2070千克
动力系统	普惠R-1830-13发动机
最大航速	480千米/小时
实用升限	10000米

■ 作战性能

P-36战斗机最初的武装是美国陆军航空队标准：12.7毫米与7.62毫米机枪各1挺。之后改为2挺7.62毫米机枪。是当时（1936年）是美国飞行速度最快的战斗机。1941年，P-36的性能已经落伍，逐渐被P-40与P-39取代。

▲ P-36虽然在转向、控制、加速性上均极为优异，但发动机动力只能说差强人意

■ 知识链接

柯蒂斯-莱特公司在1929年由柯蒂斯飞机和汽车公司、Wright航空和一些供应商公司联合组成，在二战结束前它是美国最大的飞机制造商。二战期间，柯蒂斯-莱特公司生产了142840部飞机发动机、146468台电动螺旋桨和29269架飞机。在战时生产合同的价值中位列美国公司第二位，仅次于通用汽车。

P-38 LIGHTNING
P-38 "闪电" 战斗机（美国）

■ 简要介绍

P-38战斗机，代号"闪电"，是由美国洛克希德公司制造的一种单座双发平直翼亚声速战斗机。它拥有许多优良特性，高速度、重装甲、火力强大，也是太平洋战争初期唯一能够与日本零式战斗机抗衡的战斗机，是美国陆航战机中击落日本战机最多的机型。

■ 研制历程

P-38战斗机于1936年由美国洛克希德公司开始研制，由传奇人物凯利·约翰逊主持设计，是该公司研制的第一种军用飞机。1937年6月23日，美国陆军采纳了洛克希德公司的设计，1939年1月XP-38原型机交付使用，1月27日首飞成功，1941年服役。

◀ 凯利·约翰逊

基本参数

长度	11.6米
翼展	15.9米
高度	3米
空重	5820千克
动力系统	双发、V-1710-111/173发动机
最大航速	667千米/小时
实用升限	13400米
最大航程	764千米

■ 作战性能

P-38战斗机的内置武器包括，机头安装1门AN-M2 "C" 20毫米口径的加农炮和4挺勃朗宁12.7毫米机枪，机翼下最大可携带1415千克炸弹或火箭弹。

P-38战斗机的"坚固性"是其第一个表现，拥有很强的修复能力，可以快速拆卸损坏的零件，必要时还可以补充其他飞机。它航程远，载弹量大，速度快，爬升率高且火力密集，用途十分多元，抗损能力也十分强劲，而它的前三点起落架配置也使它能在条件简陋、跑道距离有限的前线机场上操作。

■ 实战表现

二战中，P-38的航迹遍布整个战区。1941年，P-38于英格兰首次出击，但没有遭遇敌机。1942年11月开始奔波于北非，战果非凡。此后，在英美的战略轰炸中，不时可以看到P-38战机。

1943年4月18日，P-38战斗机创造了它最著名的战绩，在布干维尔岛上空击落日本海军司令山本五十六的座机，使59岁的山本五十六在视察部队途中机毁人亡。

1944年在亚欧战场，陆航已经有13个大队使用P-38战斗机。在缺少补给的链式群岛上，正是P-38大航程大火力发挥的舞台。第5航空队前往新几内亚参加对日作战，到战争结束时，王牌飞行员理查德·邦少校驾驶P-38击落了40架日本战机。

▲ 装配于 P-38 战斗机的内置武器

■ 知识链接

凯利·约翰逊（1910—1990）是美国著名飞机设计师。1937年，约翰逊设计的P-38"闪电"战斗机在二战期间生产了近1万架。二战结束后，约翰逊研制出美国第一架喷气式战斗机F-80。1954年2月，他研制的F-104试飞成功，成为世界上第一种速度达到2倍声速的战斗机。在约翰逊研制的飞机中，著名的还是U-2侦察机和SR-71远程战略侦察机。

P-39 AIRACOBRA

P-39 "空中飞蛇"战斗机（美国）

■ 简要介绍

P-39战斗机，代号"空中飞蛇"，是美国贝尔飞机公司制造的一种单座单发平直翼活塞式战斗机。它是二战美军装备序列里面一种极具个性的飞机，其个性不光表现在极流畅的线条，发动机放在座舱后面，座舱布置相应靠前；巨大的37毫米同轴机炮这些外在因素上，更表现在不装涡轮增压，重低空性能而高空表现一般的设计思想上，与美军其他飞机大相径庭。该机还采用了前三点起落架，是二战中最早使用前三点起落架的战斗机之一。

■ 研制历程

1937年5月，贝尔飞机公司向陆军提交了一份"空中飞蛇"飞机的技术说明书。同年10月，军方订购了一架XP-39原型机。1939年4月，进行了首次飞行试验。4月27日，陆军航空队签订了12架YP-39和一架YP-39A作战适用性试验机合同。初步试验后，美国国家航空咨询委员会对原型机做了研究，并又运回布法罗工厂进行修改。1941年1月，涂着伪装漆的生产型飞机开始出现，头20架是P-39C，除发动机外，其余与YP-39相同。

▲ 劳伦斯·贝尔

▲ 飞行中的 P-39 战斗机

基本参数	
长度	9.19米
翼展	10.36米
高度	3.61米
空重	2540千克
动力系统	艾利逊V-1710-83发动机
最大航速	612千米/小时
实用升限	10100米
作战半径	759千米

■ 作战性能

P-39战斗机是全金属结构，具有在当时相当先进的通讯设备，还有前三点起落架。该机装有4挺机枪，在发动机延长轴内还布置了1门37毫米机炮，在二战中这也算得上数一数二的强火力。

机内空间狭小紧张，飞行员操作不便；发动机高空功率不足；静稳定性差，不易操纵；侧开的汽车式舱门进出不便，逃生困难；结构复杂，维修困难。以至每次检修发动机，地勤人员都恨不得把飞机大卸八块。

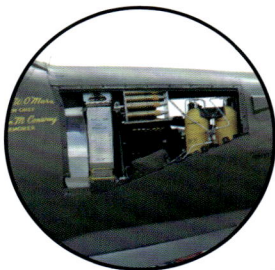

■ 实战表现

P-39战斗机随美国陆军航空兵在北非、地中海和太平洋战场发挥了战斗作用。1944年初，2150架P-39进入一线服役或充当教练机。P-39被美国陆军航空队认为性能不足，苏德战争爆发后按租借法案大量提供给苏联后却深受对方好评，苏联二号王牌波克雷什金的多数战果就是在P-39上实现的。记录显示苏军使用的各种外国战斗机中，P-39的战绩排名第一。

◀ P-39 战斗机的武器舱

■ 知识链接

贝尔飞机公司的创始人劳伦斯·贝尔曾是格伦·马丁公司的员工，后来担任了格伦·马丁公司和统一公司的总经理。1935年，统一公司迁往圣地亚哥后，贝尔在纽约州水牛城建立了贝尔飞机公司。生产的P-39战斗机受到美军冷落后，公司从1941年开始研制直升机，此后直升机成了公司最重要的业务。现名为贝尔直升机德事隆公司。

▲ 二战期间，大量的 P-39 在租借法案下运往苏联，在寒冷的苏联领空上表现得十分实用可靠

P-40 WARHAWK

P-40 "小鹰"战斗机（美国）

■ 简要介绍

P-40战斗机，代号"小鹰"，是由美国柯蒂斯-莱特公司生产的一种单座单发平直翼活塞式战斗机。P-40战斗机是在P-36的基础上改进研发的战斗机。二战中它在许多战场作战，是盟国方面使用非常广泛的一款战斗机，由于著名的"飞虎队"使用的就是这种飞机，因此它的名声很大，尽管其性能不是特别出色。

■ 研制历程

1934年11月，柯蒂斯-莱特公司开始着手设计一种悬臂式下单翼，向后收放的起落架和全金属应力蒙皮结构的战斗机，在通过陆航队的测试之后，便以P-36的编号投产。

后来，柯蒂斯-莱特公司把第10架P-36A的双黄蜂星型空冷发动机换成艾利逊V-1710-19液冷发动机，于是改型成为XP-40。1937年7月，美国陆航订购了XP-40原型机。1938年10月首飞。XP-40受到了美国陆军航空队的好评，便与公司在1939年签订了524架的订单，这也是美国政府自一战以来给单个承包商下的最大一笔订单。

▲ 由克莱尔·李·陈纳德指挥的著名的"飞虎队"，使用的就是 P-40 战斗机

基本参数	
长度	9.66米
翼展	11.38米
高度	3.76米
空重	2880千克
动力系统	艾利逊V-1710-81发动机
最大航速	547千米/小时
实用升限	8840米
最大航程	1100千米

■ 作战性能

P-40战斗机采用单翼，收放式起落架，被整流罩严密包裹的直列发动机，散热器通风口位于螺旋桨桨毂下面。P-40战斗机左右机翼各3挺，共计6挺勃朗宁M212.7毫米重机枪。

P-40战斗机的性能并不算太好，相对于轴心国战斗机依然有很大差距。总体来说，P-40仅能在中低空凭借服役当时还算优势的火力以及强横结构、适度装甲取得优势；随着新型战斗机，如P-47、P-51的服役，大多数P-40很快地退居二线或是担任训练的任务。

■ 实战表现

根据租借法案，美国将P-40战斗机大量援外，总数达到5492架，其中分配给英国2799架，苏联2069架，中国仅分到377架。中国空军获得的P-40包括E、K、M及N共4型，其中以N型最多，达299架。1942年年初，中国空军第4大队首先获得27架E型，至10月，各部队已逐次换装E或K型，只有第4大队装备少量P-43A"枪骑兵"。

▲ 排列整齐的 P-40 战斗机机群

■ 知识链接

二战时，P-40战斗机装备给了苏联的空军，作战地域几乎包括从波罗的海到黑海的整个前线。这些涂着红星的P-40参加了许多我们所熟知的著名战役：如莫斯科保卫战、斯大林格勒战役、列宁格勒战役、库班空战、库尔斯克大会战以及解放东普鲁士的战斗。可以说，这些"外援"的雄鹰为卫国战争的胜利立下了不朽的功勋。

P-47 THUNDERBOLT
P-47 "雷电" 战斗机（美国）

■ 简要介绍

P-47战斗机，代号"雷电"，是美国共和飞机公司研制的战斗机，是美国陆军航空军在二战中后期的主力战斗机之一，也是当时最大型的单引擎战斗机。除了在空战中表现优异，P-47更适合于执行对地攻击任务。除了美国陆军航空军装备外，也有其他同盟国空军部队使用。由于P-47的机身较其他战机肥胖许多，故当时被昵称为"水罐"。15686架的产量使P-47位居美国战机产量的第一位，其中D型机的产量为12602架，更是居世界军机单一机型生产量第一位。

■ 研制历程

1939年9月，欧洲战争爆发，同盟国军队急需大量前线作战飞机。同年11月，新成立不久的美国共和飞机公司临危受命，开始研制一种新型战斗机。美国陆军航空队的要求是，在吸取欧洲战场经验的基础上，实现大功率、强火力和重装甲，能为己方突防轰炸机群提供有效的空中保护。

1940年初，XP-47A设计完成。改装R-2800型发动机后的飞机称为XP-47B，原来的XP-47A随即被淘汰。1941年5月6日，XP-47B首飞成功。1942年5月，P-47正式批量生产，6月开始交付部队使用。

▲ 空勤人员正在为 P-47 加装 12.7 毫米机枪弹

■ 作战性能

P-47D是P-47的主要生产型，其飞机两翼各增加一挺12.7毫米的勃朗宁机枪，使机枪总数达到8挺。它的机腹和机翼下都能挂载炸弹或副油箱。为了适应机翼副油箱，在机翼里铺设了新的燃油管道。机翼挂架可以装载2枚227千克炸弹，或连机腹挂架一共挂载3枚227千克炸弹。

基本参数	
长度	11米
翼展	12.9米
高度	4.4米
空重	4988千克
动力系统	R-2800-21W发动机
最大航速	653千米 / 小时
实用升限	12801米
作战半径	1852千米

P-47在欧洲战场上不但可为轰炸机护航，而且也可用于对地攻击。1944年同盟国军队在欧洲的反击战中，共有19个战斗/轰炸机大队装备有"雷电"式战斗机。为了增强对地攻击能力，一部分P-47在原有机载武器基础上，还配备了火箭、集束炸弹或燃烧弹。P-47的任务是掩护同盟国军队的装甲部队进攻，袭击敌方的公路和铁路交通网，使德军大量运输工具和设施遭到破坏。

▶ P-47 上普惠公司 的 R-2800 发动机

■ 知识链接

1943年夏天，P-47战斗机开始进入太平洋、亚洲战场。曾在南太平洋国家以及印度、缅甸等地作过战。在著名的飞行队中，最早装备P-47并使用到大战结束的美空军第56大队，在空战中共击落敌机674架，得失比为8比1，产生王牌飞行员38人，均为在欧洲战争中的美军第一。该大队被誉为"狼群大队"，曾使敌人闻风丧胆。

P-51 MUSTANG

P-51 "野马" 战斗机（美国）

■ 简要介绍

P-51战斗机，代号"野马"，是美国陆军航空队在二战期间最有名的战斗机之一，也是美国海陆两军所使用的单引擎战斗机当中航程最长，对于欧洲与太平洋战区战略轰炸护航最重要的机种。1944年3月在著名的柏林大空袭中，P-51战斗机击落德机41架。6月，大批P-51战斗机参加了支援诺曼底登陆作战。1944年下半年，P-51已牢牢控制了西欧大陆的制空权。二战期间，在欧洲战场，P-51战斗机出动13873架次，投弹5668吨，击落敌机4950架，击毁地面敌机4131架，被誉为"战斗机之王"。

▲ P-51 驾驶舱

■ 研制历程

二战爆发后，英国政府向美国求购适用于英国空军的作战飞机，在与英国达成交易之前，北美公司已经开始独立研发，它的NA-73X设计吸取了很多来自欧洲空战的教训。原型机仅比要求的同期提前了三天完成，英国人给它起了个代号——"野马1号"。1940年10月26日实现首飞。

英国空军试飞后认为该机拥有极为优良的中低空性能，很快就订购了一批，用于低空攻击和侦察。1941年3月，租借法案获得美国国会通过。"野马"战斗机获准军援英国。由于租借法案规定武器要经由美军转交英国，因此美军将"野马"战斗机编号为P-51。

基本参数	
长度	9.83米
翼展	11.28米
高度	4.08米
空重	3465千克
动力系统	V-1650-7发动机
最大航速	703千米/小时
实用升限	12800米
最大航程	2755千米

■ 作战性能

P-51战斗机在不同型号中采用过不同的武器装备：NA-73构型的P-51采用4挺12.7毫米勃朗宁重机枪及4挺7.62毫米勃朗宁轻机枪，NA-83构型的P-51采用2挺12.7毫米重机枪及4挺7.62毫米轻机枪。

P-51具备同盟国军队中最高水平的高速巡航性能与高速操控性，在同盟国军队迫切需要高空高速护航机种，以图反攻的重大时间点上，在众多竞争者之中率先达成此等均衡性，因此拔得头筹。成为后期欧陆空战中的主角，并获得"最优秀战斗机"之名。

P-51在保持较好的低空性能的情况下，高空飞行性能上赶上了德国战斗机，这也使得P-51成为第一种能从英国直飞德国腹地的战斗机。

▲ 随着各型 P-51 不断到来，中、美空军逐渐掌握了制空权，无论是最初的 P-51B 还是后来的 P-51D 都对日本主力战斗机具有绝对性能优势

■ 知识链接

美国为了执行不对称的反恐作战需求，一次性购买了100架成名于二战时期的P-51"野马"螺旋桨战斗机，2012年开始装备部队，所购买的P-51战斗机均经过改装升级，成为"新野马"。其中机载设备使用先进的综合显示器，并安装了自动驾驶仪和卫星导航系统等。

P-61 BLACK WIDOW
P-61 "黑寡妇" 战斗机 (美国)

■ 简要介绍

P-61战斗机, 代号 "黑寡妇", 是美国诺斯罗普公司研制的一种重型战斗机。该机为美国设计的第一架夜间战斗机, 与中型轰炸机大小相仿, 尾撑上装有双方向舵, 采用前三点起落架。装有当时世界最先利用的雷达导航系统, 可在夜间进行空中格斗。机身涂层为黑色, 常常隐蔽于夜空中, 依靠其先进的机载雷达搜索发现目标。它是世界上第一种用玻璃钢做雷达罩的飞机, 也是世界上第一架3人制成员的重型战斗机。

■ 研制历程

1940年8月, 诺斯罗普公司开始研制P-61战斗机。此时正是德国空军轰炸英国伦敦的高潮, 英国向美国提出迫切需要一种夜间战斗机。同年12月, 诺斯罗普公司的设计正式获得NS-8A的公司编号。陆航对NS-8A方案基本满意。

1941年4月XP-61实体模型通过审核。同年12月, 陆航下发了100架P-61生产型飞机和备件的购买意向书, 不久订单已经增加到410架。

1942年5月26日, XP-61在诺斯罗普机场首飞。全机涂成黑色以适应夜间任务, 因此有人根据北美著名毒蜘蛛的名称把该机命名为 "黑寡妇"。

▲ 飞行中的 P-61

基本参数	
长度	15.1米
翼展	20.2米
高度	4.47米
空重	10900千克
动力系统	2台普惠R-2800-73发动机
最大航速	692千米 / 小时
实用升限	12500米
作战半径	1852千米

■ 作战性能

P-61战斗机是二战中美国陆航装备过的最大最重的战斗机，也是美国第一种专门设计的夜间战斗机。与陆航的P-47、P-51相比，P-61并没有什么耀眼的战绩，因为该机服役时同盟国军队几乎在所有战线上已经建立了压倒性的空中优势，空中的敌机并不多见，尤其是在夜间。

■ 实战表现

P-61战斗机首次参加实战是在太平洋战场，1943年下半年第418、419、421夜间战斗机中队经船运部署在西南太平洋地区。

诺曼底登陆后，许多P-61转移到法国，主要任务是在夜间攻击火车、装甲车以及其他地面目标，也击落过一些在夜间飞行的德国飞机。

▲ 为 P-61 加装弹药

■ 知识链接

诺斯罗普公司是美国主要飞机制造商之一。由约翰·诺斯罗普创建。1932年，诺斯罗普创办了诺斯罗普公司。1939年诺斯罗普在加利福尼亚重新创建了新的诺斯罗普公司。1994年由于在先进战斗机和联合攻击机两个项目的竞争上输给了洛克西德·马丁公司，为了增强竞争力，诺斯罗普公司同格鲁门公司合并成为诺斯罗普·格鲁门公司。

F-4 FIGHTER

F-4 "鬼怪" 战斗机 （美国）

■ 简要介绍

F-4战斗机，代号"鬼怪"，是美国一型双座双发全天候远程超声速防空截击机或战斗轰炸机，是第二代战斗机的典型代表，各方面的性能较均衡，不仅空战格斗好，对地攻击能力也不俗，是美国空海军20世纪六七十年代的主力战斗机，参加过越南战争和中东战争，曾经是美国空军雷鸟飞行表演队的表演飞机。

▲ 机动中的 F-4

■ 研制历程

1955年5月26日，美军航空局在对海军的需求深入研究后，要求麦克唐纳·道格拉斯公司（简称麦道公司，现并入波音公司）制造2架双座全天候战斗机，武器全面导弹化。6月23日下达了正式编号YF-4H-1，即战斗机的编号。

YF-4H-1的模型在1955年11月17到23日期间接受了检查。1956年12月19日，美国海军再次订购11架F-4H-1（145307-145317），这是第一批正式生产型。

1958年5月27日，原型机YF-4H-1在圣路易斯市机场完成了首飞，生产型则于1961年10月开始正式交付海军使用，1963年11月开始进入空军服役。

F-4战斗机发展了多种型号，包括F-4A、F-4B、RF-4B、F-4C、F-4D、F-4E、F-4F、F-4G、F-4L、F-4M、F-4N、F-4S等。

基本参数	
长度	19.2米
翼展	11.7米
高度	5米
空重	13757千克
动力系统	2台通用J79-GE-17加力涡喷发动机
最大航速	2732千米/小时
实用升限	18300米
最大航程	2600千米
作战半径	759千米

■ 作战性能

F-4战斗机共有9个外挂架，机身下前后成对排列4个半埋"麻雀"空空导弹挂架，每个可挂1枚"麻雀"导弹，后一对挂架也可各挂2枚"响尾蛇"空空导弹。

F-4战斗机从空气动力学角度来说，设计丑陋，刚推出时前景并不被看好。由于五角大楼试图将海军一款拦截机改装为供所有军种使用的普通战斗机的不明智之举，F-4诞生了。尽管从纯性能的角度来说它或许不是最优秀的战斗机，但它强大有力、坚固耐用且具备多种用途。

■ 实战表现

1972年，在"后卫"战役中，14架F-4"鬼怪"战斗轰炸机投掷了24枚激光制导炸弹，成功摧毁了越方严密防守的清化桥。此后，美军使用了22枚激光制导炸弹和7枚电子光学制导炸弹，将杜梅大桥彻底炸毁。上述战例成了精确对地打击的典型范例。

▶ 准备在航母上降落的 F-4 战斗机

■ 知识链接

伊朗在20世纪六七十年购买了数百架F-4D、F-4E和RF-4E。1980年伊朗伊斯兰革命前夕，伊朗空军共装备有29架F-4D，162架F-4E，17（也可能是19）架RF-4E。

▲ 对地攻击中的 F-4 战斗机

F-4F WILDCAT
F-4F "野猫"战斗机（美国）

■ 简要介绍

F-4F战斗机，代号"野猫"，是由美国格鲁门飞机制造厂研制的一种单座单发平直翼活塞式舰载战斗机。F-4F战斗机是美国海军与海军陆战队在二战中与日军交手之初最主要的舰载战斗机，也是遏制日本零式战斗机与稳定美国在太平洋地区制空权的关键角色。

■ 研制历程

1936年夏，格鲁门飞机制造厂承担了美国海军某单翼战斗机的可行性的修订研究任务，"野猫"即是该研究的结果。该机型被命名为XF-4F-2。1937年9月，进行第一次试飞。在试飞中输给了布鲁斯特的竞争机型。不过，格鲁门飞机制造厂重新做了设计，推出了相当优秀的XF-4F-3。1939年8月，美国海军满意XF-4F-3的性能表现，提出第一批54架订单。第一批量产型于1940年12月递交海军VF-4中队。F-4F-4是最主要的量产型，一共生产1169架，也是第一款装有机翼折叠装置的"野猫"。

基本参数	
长度	8.76米
翼展	11.58米
高度	2.81米
空重	2612千克
动力系统	普惠R-1830-36发动机
最大航速	512千米/小时
实用升限	12010米
最大航程	1239千米

■ 作战性能

F-4F-3战斗机在机翼上装有4挺12.7毫米机枪，F-4F-4以后与FM-1/2增加为共6挺同样口径的机枪，还可携带2枚45千克炸弹。原始的F-4F-1设计为一个双翼飞机，被证明不如竞争对手的设计，需要完全重新设计为名为F-4F-2的单翼飞机。后来的F-4F-3配有更强大版本的发动机——普惠双黄蜂R-1830-76，具有两级增压器，显示出其真正的潜力。

▶ 野猫式机体较紧致，总重较轻，不需弹射器即可起飞。适合收纳空间较狭窄，且起飞长度较短的护卫航空母舰

▲ 机动中的 F-4F

■ 实战表现

F-4F崭露头角是在1941年12月8日，日本攻击威克岛的行动当中，担任防卫的海军陆战队VMF-211中队在蒙受重大打击与面对高性能零式战机的威胁下，不仅击落日本企图轰炸威克岛的轰炸机，还将日本"如月"号驱逐舰击沉，迫使日军停止攻击并撤退。

F-4F在大战初期最有名的空战纪录之一发生于1942年2月20日，当时美国海军派出"企业"号与"约克镇"号航母攻击马绍尔与吉尔柏特群岛，同时以"列克星顿"号航母攻击拉布尔的日军基地时，"列克星顿"号航母麾下VF-3中队的艾德华·欧海尔海军上尉在5分钟之内驾驶F-4F击落5架日本海军一式陆上攻击机，使航母免于受到攻击。这一事件让欧海尔获得美国军人最高荣誉的国会荣誉勋章。

■ 知识链接

F-4F在二战太平洋战场的初期，不仅挽救了美国海军，打破了"零战神话"，稳住了美国海军在太平洋地区的制空权，还培育了更多战争中后期的王牌飞行员。美国海军航空队在太平洋战场空战的胜利固然是靠F6F与F4U等战机夺下的，但为这场胜利奠定基础的战机，无疑就是F-4F"野猫"式战斗机。

F4U CORSAIR
F4U "海盗"战斗机（美国）

■ 简要介绍

F4U战斗机，代号"海盗"，是美国研发的一种舰载机，具有加速性能好、火力强大、爬升快、坚固耐用的特点，是当时速度最快的活塞式战斗机。其机翼别具一格的设计使其与其他同类飞机相比显得很另类，除空战外，亦担当战术轰炸机的角色。服役于二战至朝鲜战争期间，朝鲜战争后F4U在部分国家仍服役至20世纪60年代。

■ 研制历程

1938年2月，美国海军航空局公开招标，要求发明出一款可以取代F2A水牛式的新型舰载机，新飞机分单引擎与双引擎两种，单引擎型须为一种可以具备高速、同时降落时速不得超过113千米/小时、续航距离1610千米的舰载机。除了一般的规格要求以外，新飞机还必须可在机翼上挂载小型反飞机炸弹。

经过竞标以后，美国海军在1938年6月11日选择了由钱斯·沃特公司的雷克斯·贝塞尔与伊高·塞考斯基为首的设计团队提出的V-166B方案。1939年5月29日首次试飞。1942年9月，F4U-1开始为美军服役。

基本参数	
长度	10.3米
翼展	12.5米
高度	4.9米
空重	4175.3千克
动力系统	普惠R-2800-18W发动机
最大航速	718千米/小时
实用升限	12649.2米
最大航程	2510.5千米

■ 作战性能

F4U在多个方面与当时的飞机有很大差别。首先，飞机的机翼采用了倒海鸥翼的布局。其次，F4U采用了当时出力最大的活塞发动机——普惠公司R-2800，功率运到2000马力。1940年10月1日，原型机XF-4U-1在一次测试飞行中就创下了当时一项飞行速度纪录，达到652千米/小时，成为第一款超越64C千米/小时的美国战斗机。

在火力上，F4U配备了6挺12.7毫米M2机枪和2枚453.6千克炸弹或8枚127毫米火箭弹。

■ 实战表现

在二战中的太平洋战争上，F4U与F-6F并列为美军主力，成为日本战斗机的强劲对手。大战结束后，据美国海军统计，F4U的击落比例为11∶1，即每击落11架敌机才有1架被击落，拥有着骄人战绩。

◄ F4U 是第一款超越
640 千米 / 小时的美国
战斗机

■ 知识链接

雷克斯·贝塞尔是美国飞机设计师，航空工程师。在二战中曾为美国海军设计了著名的F4U"海盗"舰载战斗机。F4U舰载战斗机是一代名机，二战中最杰出的舰载战斗机，被日本人称为"死亡的口哨"。

◄ F4U 飞机的
机翼采用了倒
海鸥翼的布局

F-5 TIGER

F-5 "虎" 战斗机 （美国）

■ 简要介绍

F-5战斗机，代号"虎"，是美国研制的一种超声速多用途战斗机。该机价格低廉、易于维护、性能良好、具备短距起降性能。F-5作为一种"军援"战斗机，考虑到使用国的技术能力限制，一个重要的设计要求就是简单可靠，易于维护。由于整个系统相对简单，因此F-5的可靠性一直比较好。该机被销售至全球20多个国家和地区，在国际军火交易中，与法国幻影III、苏联米格-21形成军机出口"三足鼎立"的局面。

■ 研制历程

F-5的发展可以追溯到1954年，当时美国诺斯罗普公司派出一个团队访问欧洲和亚洲，以了解北大西洋公约组织（简称北约）和东南亚条约国家的防务需求。根据访问结果，公司决定自行投资研制一种超声速战斗机，并且该机应相当廉价，易于维护，能从短跑道和二级机场甚至航母上起降。

1955年，美国的诺斯罗普公司正式启动设计代号N-156的轻型战斗机项目。1958年年初，N-156F模型运交空军评估。空军对该机进行了深入研究，并认为，该机可以作为一种廉价战斗机提供给美国的盟国，以解决那些国家希望建立较现代化的空军而又无力购买昂贵的美军现役截击机的困境。1958年2月25日，空军与诺斯罗普签订合同，要求该公司制造3架N-156F原型机。

第一架N-156F（59-4987）制造耗时1年。它采用了无加力的YJ85-GE-1涡喷发动机。该机1959年5月31日出厂，然后运往爱德华兹空军基地。1959年7月30日，该机由试飞员卢·内森操纵进行了首次试飞。

1962年4月25日，美国国防部宣布它已选中N-156F作为军援计划（MAP）的战斗机。军援战斗机将采用美国空军的序列号，以方便记录。1962年8月19日，N-156F被正式赋予官方设计代号F-5A和绰号"自由战士"。

其中A型是早期生产型、E型是单座战术战斗机、RF-5E是侦察型、B型和F型是双座教练型、G型又称F-20战斗机。

基本参数	
长度	10.3米
翼展	12.5米
高度	4.9米
空重	4175.3千克
动力系统	普惠R-2800-18W发动机
最大航速	718千米/小时
实用升限	12649.2米
最大航程	2510.5千米

■ 作战性能

F-5虽然是低档战斗机，但其机动性能相对同时代战斗机来说并不逊色。F-5的爬升率略低于米格-21，但盘旋性能，尤其是稳定盘旋角速度优于米格-21。F-5上装备有两门20毫米M-39转膛炮、翼尖挂架挂两枚AIM-9响尾蛇近距格斗导弹，翼下有5个挂点，可挂响尾蛇导弹、通用炸弹、火箭弹发射器、航炮吊舱以及副油箱等。F-5战斗机主要设计点在高亚声速区域的格斗，用很低的推重比就实现了优良的起降、巡航和盘旋。

▲ 挂载 AIM-9J 响尾蛇、AGM-65 导弹和辅助油箱的 F-5F

▶ 美国空军首架 F-5E

■ 知识链接

F-5系列战斗机的电子设备总的来说追求轻便简单，但是要求可靠性高。相对于其对手米格-21，它的电子设备还是齐全得多。尤其是采用了两侧进气的方式，机头设备舱有较大的空间安装火控雷达等电子设备。

▲ 瑞士空军的 F-5E

F6F HELLCAT

F6F "地狱猫"战斗机（美国）

■ 简要介绍

F6F战斗机，代号"地狱猫"，是F4F"野猫"的后继型号，是二战美国海军的标准舰载战斗机。它不是最快速的二战战斗机，但是其性能优越，通过与日本飞机在低空玩"猫捉老鼠"的死亡游戏，成功地压制住零式战斗机取得空中优势，成为当时美国海军的一张王牌，令日军飞行员谈"猫"色变。

■ 研制历程

1939—1940年，为获得一种能与日本零式战斗机匹敌的舰载战斗机，美国海军开始着手发展新一代的舰载战斗机，钱斯·沃特公司的倒鸥翼XF-4U-1和格鲁门公司的双发XF5F-1是此计划的两个竞争者。

1940年年末，格鲁门公司的XF5F-1受到海军的质疑，并且XF5F-1原型机的试飞结果也不理想，海军要求格鲁门拿出另一个替代方案。

1941年年初，格鲁门提出了XF-6F-1方案，6月30日，美国海军在评估了格鲁门的设计方案后，订购了两架原型机，这两架飞机分别安装不同的发动机，以便进行对比测试，其中XF-6F-1使用了莱特R2600发动机，XF-6F-3使用了普惠R-2800-10"大黄蜂"发动机。迫于战争形势，在试飞前就开始建立生产线。

1941年7月30日，XF-6F-3首飞成功。1942年6月26日，XF-6F-1也完成了首飞。由于XF-6F-3的性能更加优异，因而型号也由F-1改为F-3，很快就进入了生产。

◀ 1945年，美国"大黄蜂"号航母上的F6F

基本参数	
长度	10.24米
翼展	13.06米
高度	4.11米
空重	4152千克
动力系统	普惠R-2800-10发动机
最大航速	612千米/小时
实用升限	11369米
最大航程	2462千米

■ 作战性能

F6F机翼中装有6挺12.7毫米勃朗宁M-2机枪，配弹2400发，后期型号靠近机翼内段的2挺机枪被20毫米机炮取代。通常，F6F都在机腹下挂载一枚900千克炸弹或在机翼下挂载6枚火箭弹。

F6F在内部结构与装备上，比起旧式F4F更为先进，但外观上除了机体更大以外，却所差无几，故此也被戏称为"野猫的大哥"。为了保持起飞和降落的速度维持在可操纵的范围内，格鲁门把F6F的机翼造得比其他飞机都大来降低翼载，是二战中单引擎战斗机中机翼最大的。F6F显得太大，让人担心是否能在航母上安全降落。但是格鲁门公司设计出色，使飞机完全能够在航母上使用。

▲ 一群F6F战机正为登陆硫黄岛的美军提供火力支援

■ 实战表现

二战中美国海军飞行员都称F6F战斗机为"铝坦克"，其6挺机枪，当进行暴风雨般攻击的时候，没有日本飞机能够逃脱被摧毁的命运。另外，F6F可以经得住严重的攻击并仍能把飞行员带回航母。美国海军航空部队在太平洋上所取得的75%的胜利都是来自这种飞机。据统计，F6F在空战中以损失270架的代价共击落5200架敌机，其中相对于零式战斗机的损失比率为1:13。

F7F TIGERCAT

F7F "虎猫" 战斗机（美国）

■ 简要介绍

F7F战斗机，代号"虎猫"。它是美国格鲁门飞机工程公司研制的双引擎舰载夜间战斗机，与格鲁门以前制造的"猫科"有很大的不同。它是美军为了45000吨的中途岛级航母设计的双引擎单翼战斗机。

■ 研制历程

1943年10月，美国格鲁门公司研制的首架XF7F原型机完成制造并开始进行地面静态测试。11月3日，原型机正式进行了约20分钟的首飞。

1944年3月2日，第二架XF7F原型机配备着设计中指定的普惠发动机完成了首飞。9月，飞机转场至加利福尼亚州的莫菲特场，在那里海军安排飞机在NACA所属艾姆斯实验室的全尺寸风洞内进行吹风试验。

1944年初，当XF7F的试飞工作仍在进行时，格鲁门就接到了海军采购数量达500架的正式订单，同时飞机也被正式命名为F7F "虎猫"。

1944年4月29日，F7F的第一批生产型飞机F7F-1开始交付使用。

基本参数	
长度	13.83米
翼展	15.7米
高度	5.05米
空重	7380千克
动力系统	2台普惠R-2800-34W发动机
最大航速	700千米/小时
最大航程	1931千米

▲ F7F 是美国海军部署的第一种双引擎战斗机

■ 作战性能

F7F机头安装四挺勃朗宁12.7毫米机枪，翼根安装四门M-220毫米口径加农炮，机翼下挂弹架可携带6枚火箭弹或907千克炸弹。它是全金属结构，带有悬臂，机翼安装在肩部，从几个重要维度上看，它是一种快速的、武备良好的战斗机，只有计划中的45000吨的"中途岛"级航空母舰才可以使用它。

▶ 机翼折叠起来的 F7F

■ 实战表现

1944年4月，F7F开始服役，由于首批使用单位当时正忙于安排日本投降的事情，因此F7F在二战中没有进行实战。

F7F是极好的夜间战斗机，1951年，在朝鲜战场上被称为"战骑士"。

■ 知识链接

风洞实验指在风洞中安置飞行器或其他物体模型，研究气体流动及其与模型的相互作用，以了解实际飞行器或其他物体的空气动力学特性的一种空气动力实验方法。风洞实验在空气动力学的研究、各种飞行器的研制方面，以及在工业空气动力学和其他同气流或风有关的领域中，都有广泛应用。

F8F BEARCAT

F8F "熊猫" 战斗机（美国）

▶ 机翼折叠起来的 F8F

■ 简要介绍

F8F战斗机，代号"熊猫"，是格鲁门公司最后一种使用活塞发动机的战斗机。它没有来得及参加二战，是通过航空展和飞行竞赛获得知名度的。随着喷气式战斗机的服役，一些F8F成为靶机控制机。1950年，F8F取代了F6F-5在高级训练单位的位置，成为高级战斗机教练机一直到最终被喷气机取代。1956年，最后一架F8F-2前往储存地封存，F8F消失在喷气时代的先进技术下。

■ 研制历程

两架XF8F-1原型机于1943年11月开始研制，并且在1944年8月21日首飞。那时，格鲁门再次确定使用最强力的引擎——普拉特-惠特尼公司的R-2800"双黄蜂"系列发动机，与该公司设计的"地狱猫"和"虎猫"战斗机使用的引擎相同。引擎装配在尽可能小型、轻量化的机身内。充裕的动力使飞机的操纵性提高，这种高速战斗机的爬升率比"地狱猫"高30%。

基本参数	
长度	8.61米
翼展	10.92米
高度	4.21米
空重	3206千克
动力系统	普惠R-2800-34W发动机
最大航速	680千米/小时
最大航程	1775千米
实用升限	19812米
作战半径	759千米

■ 作战性能

F8F装备有4挺12.7毫米勃朗宁M2机枪（F8F-1和F8F-1N），4门20毫米AN/M3机炮（F8F-1B），4枚127毫米无制导火箭，454千克炸弹。它是一种操纵响应非常快的飞机，着舰进场时就特别需要精细地控制动作来防止动作过大。如果着舰失败重飞时需要柔和控制油门，猛推节流阀控制会导致扭矩过大，飞机滚转。加速能力是其显著标志，从静止到3048米高度的爬升速度纪录保持了多年，甚至比一些喷气机还快。从7620米高度开始的俯冲需要小心使用动力，在俯冲时许多F8F飞行员甚至很接近声速。

■ 实战表现

1951年，美国海军舰载中队换装喷气机，退役的F8F-1和F8F-1B "熊猫" 就按照对外军援计划援助给了法国。

▲ 正在航母上起飞的 F8F

■ 知识链接

第二次世界大战后，F8F成为美国海军和美国海军陆战队的主要战斗机，在海军装备了24个战斗机中队，在海军陆战队装备了较少数量的战斗机中队。通常被称为有史以来最好的活塞式发动机战斗机之一，其优异的性能足以超越许多早期的喷气式飞机。

F-8 CRUSADE

F-8 "十字军战士" 战斗机（美国）

■ 简要介绍

　　F-8战斗机，代号"十字军战士"，是美国海军第一架超声速舰载机，最后一架以机炮为主要武器的海军战斗机，也是最后一架舰载单发动机战斗机。该机以其出众的性能获得美国海军的认可，并在随后的越南战争中取得了不俗的战绩，并因此而得到了"米格杀手""航炮终结者"的美称。不过在美军装备了F-4战斗机后，F-8逐渐淡出了战场。

■ 研制历程

　　1952年9月，海军发布了舰载超声速昼间战斗机需求招标，对飞机的速度、机动性、可靠性和操纵性做出了基本定义。包括钱斯·沃特公司在内的8家航空企业参与该项目竞标。

　　1953年5月，钱斯·沃特公司的V-383方案胜出。6月29日海军便订购了2架原型机。1955年3月25日，原型机首飞成功。1955年9月20日，第一架生产型飞机出厂试飞。11月28日，首架F-8正式交付美国海军航空兵VX-3试验中队。

基本参数	
长度	16.61米
翼展	10.72米
高度	4.8米
空重	8170千克
动力系统	J57-P-20A加力发动机
最大航速	1810千米/小时
实用升限	17000米
最大航程	2250千米
作战半径	759千米

■ 作战性能

　　从武器配置来看，F-8是一款以近距离空中格斗为着眼点设计的战斗机，主要的攻击武器是航炮，"响尾蛇"导弹更多是作为一种辅助武器来使用。美国飞行员对F-8的评价很好，认为这是一种速度快、爬升猛、机动性好的战斗机。地勤人员对F-8也有很好的印象，因为F-8简单、可维护性也好。

F-8的弱点在于火炮故障率特别高，导致多次丢失"煮熟的鸭子"，对战果造成了很大的影响；对于二战期间建造的埃塞克斯级航母来说，作为舰载机的F-8还是太大太快，进场速度掌握不当就很容易错过阻拦索或者狠狠地摔在甲板上。在法国服役的42架F-8飞机就有25架因意外而折损。

▲ 一架在航母上的 F-8E

▲ 一架 F-8 战斗机在拦截苏联图 -95 轰炸机

■ 知识链接

　　美国钱斯·沃特公司（后改为凌·特姆科·沃特航宇公司"LTV"的沃特系统分部）是二战时期美国著名的军用飞机设计和制造商，该公司生产的F-4U战斗机在太平洋战场上立下赫赫战功，被认为是二战中最为现代化、最为美观的螺旋桨舰载战斗机。钱斯·沃特公司尽管在螺旋桨时代取得过骄人的业绩，但进入喷气式飞机时代后，公司在新飞机的开发上屡遭挫折。

F-86 SABRE

F-86 "佩刀" 战斗机（美国）

▶ F-86 编队

■ 简要介绍

F-86战斗机，代号"佩刀"，是二战后美国研制的一型单座单发后掠翼亚声速喷气式战斗机，是美国第一代喷气式战斗机。F-86用于空战拦截与轰炸，是第一架在俯冲时超声速以及世界上第一架装备空空导弹的战机，是第一架能在平飞状况下超声速执行作战任务的战斗机，也是美国第一架装设弹射椅的战斗机。它是美国、北约集团及日本在20世纪50年代使用最多的战斗机。

■ 研制历程

1944年，太平洋战争渐进高潮，美国海军希望拥有舰载喷气式飞机。同年秋，北美航空公司新的喷气式飞机NA-134项目开始，11月22日，北美航空公司向USAAF提交了由XFJ-1派生的NA-140。

1945年1月1日，美国海军订购了3架XFJ-1原型机。5月18日美国陆军航空部队签订合约购买3架NA-140原型机，军用型号XP-86。5月28日，美国海军又核准了100架生产型FJ-1（NA-141）的合同。1946年2月28日，改进后有后掠翼的XP-86模型通过了审核。1947年10月1日，XP-86原型机试飞。1949年10月开始运交军方。

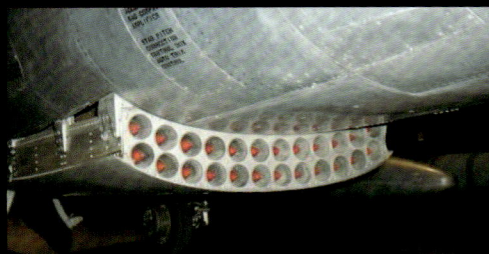

▲ F-86D 所携带的武器是集束发射的 24 枚 92 毫米 "巨鼠" 折叠弹翼航空火箭，全部容纳在机腹的一个可收放发射架中

基本参数	
长度	16.61米
翼展	10.72米
高度	4.8米
空重	8170千克
动力系统	J57-P-20A加力发动机
最大航速	1810千米 / 小时
实用升限	17000米
最大航程	2250千米
作战半径	759千米

■ 作战性能

F-86战斗机曾在朝鲜战场上与苏联的第一代喷气式战斗机米格-15战斗机进行过较量。与米格-15相较之下，F-86最大水平空速较低，最大升限较低，中低空爬升率较低，但是它的高速性能下的控制性较佳，运动敏捷性高，具有稳定的机枪平台。F-86凭借更先进的雷达瞄准具、更灵活的俯冲和中低空机动性能，对早期型号的米格-15占有优势。

▶ F-86 驾驶舱

■ 知识链接

1949年5月，F-86战斗机进入美国陆军航空部队服役。朝鲜战争结束后，F-86进入美国盟国空军服役，成为许多西方国家的主要战斗机，并且在加拿大、日本、意大利和澳大利亚按许可证进行生产。

F-100 SUPER SABRE

F-100 "超级佩刀"战斗机（美国）

■ 简要介绍

F-100战斗机，代号"超级佩刀"，是世界上第一种实用化的具有超声速平飞能力的喷气式战斗机。该机是美国第一种广泛利用钛合金制造的战斗机，主要作为战斗轰炸机使用。F-100最初是作为接替F-86的高性能超声速战斗机而设计的，曾在越南战争中执行战斗轰炸任务，是美国空军（USAF）在越战中使用的主要型号之一。使用者除美国外，F-100亦服役于法国、土耳其、丹麦等国家和地区。

▶ F-100 的驾驶舱仪表

■ 研制历程

北美航空公司在成功推出F-86战斗机之后，开始将设计目标瞄准超声速。1951年1月，北美航空向美国空军提交了"先进F-86E"方案。美国空军否决了这个方案，但认为这个设计有发展成空中优势战斗机的潜力。北美航空的改进方案被称为"佩刀45"，获得美国空军的肯定。

1951年11月20日，北美开始了"佩刀45"生产型研制工作。12月7日，美国空军正式将其型号定为F-100。两架原型机的型号为YF-100，生产型为F-100A。

1953年4月24日，首架YF-100A出厂。5月25日完成首飞，飞行突破声速。首架F-100A在1953年9月25日出厂。11月底，首批三架F-100A开始交付乔治空军基地。

◀ 美国空军雷鸟飞行表演队的 F-100D

基本参数	
长度	14.36米
翼展	11.15米
高度	4.95米
空重	8226千克
动力系统	普惠XJ57-P-7涡轮喷气发动机
最大航速	1062千米/小时
实用升限	16032米
最大航程	2268千米

■ 作战性能

　　F-100采用了新设计的薄翼型机翼，其相对厚度仅有7%，从而大大减小了高速飞行的阻力。因此，尽管其机翼后掠角只有45°，但仍然能够实现超声速的设计目标。作为"佩刀"的后继型号，F-100在气动外形上仍残留着F-86的痕迹——"超级佩刀"的名称已经清楚地指明了二者的关系，但该型仍具有自己鲜明的特点，薄翼型机翼、全动平尾，这更是日后超声速飞机的典型特征。

▲ F-100 飞行编队

■ 知识链接

　　1954年9月，首批F-100A交付479昼间战斗机联队。但紧接着，该联队就在高速横滚机动时连续发生多起严重事故。为解决问题，北美公司指派F-100首席试飞员乔治·威尔士进行专门试飞。10月12日，当乔治进行试飞时，飞机在空中解体，乔治重伤身亡。11月8日，英国空军准将杰弗里·斯蒂芬逊在佛罗里达试飞F-100A时失事丧生。经过一系列飞行事故后，美国空军下令所有F-100A全部停飞。

F-101 VOODOO

F-101 "巫毒"战斗机（美国）

■ 简要介绍

F-101战斗机，代号"巫毒"，是美国麦克唐纳公司生产的一款双发超声速战斗机，是由该公司较早的XF-88飞机发展来的。F-101虽然最初的设计是为轰炸机护航的远程战斗机，但却发展成为用于轰炸的战斗轰炸机、全天候拦截机以及战术侦察机。"巫毒"是第一种平飞速度超过1600千米/小时的生产型战斗机，也创下战术侦察机最高速任务的纪录。由于用途过于单一，F-101各型号在20世纪70年代末80年代初全部退役。

▲ F-101 编队飞行

■ 研制历程

朝鲜战争期间，美国空军提出研制一种航程极大的护航战斗机，用以伴随康维尔B-36洲际轰炸机。1951年2月，美国空军颁布了一种需要满足此类要求的战斗机的规格需求书。

1951年5月，麦克唐纳的F-88方案获胜。11月30日，新的改进型F-88编号被定为F-101。

1953年5月28日，美国空军与麦克唐纳公司签订了首批39架F-101A的生产合同。随着1953年7月朝鲜战争的结束，大大缓解了F-101项目的紧迫性。此时美国空军改变了想法，希望麦克唐纳修改设计，使F-101不仅能执行远程护航任务，也可执行核打击任务。

1954年末三架F-101A下线，立即开始了I类试飞，1955年1月开始II类试飞。生产型F-101A于1957年5月全部移交战术空军。

F-101B由A型发展的双座远程截击机，尺寸与A型相同。1957年3月试飞，1959年交付使用，共生产480架，其中66架交给加拿大空军使用。

基本参数	
长度	21.54米
翼展	12.1米
高度	5.49米
空重	12700千克
动力系统	2台普惠J57-P-55涡喷发动机
最大航速	2266千米/小时
实用升限	15500米
最大航程	3440千米

■ 作战性能

F-101A战斗机武器系统包括AN/ARC-34特调频通信系统，AN/APS-54雷达侦察接收机，AN/ARC-21战术空中导航系统测向测距设备，AN/ARA-25超高频测向仪，AN/APN-22高度表，AN/ARN-31下滑信标接收机，AN/ARN-32信标接收机，AN/ARN-14A航向信标接收机，AN/APX-6敌我识别器，25X录音机。另外机身下方还可携带普通炸弹、导弹或核弹。

▲ F-101 仪表盘

▲ F-101 正面展示

■ 知识链接

麦克唐纳–道格拉斯公司（简称麦道公司）是美国制造飞机和导弹的大垄断企业。1939年詹姆斯·麦克唐纳创办麦克唐纳飞机公司。1967年兼并道格拉斯飞机公司，改为现名。1997年又与波音公司合并。它生产了一些知名的商业和军用飞机，如DC-10客机和F-15等空中优势战斗机。该公司总部设在密苏里州的圣路易斯附近的路易斯国际机场。

F-102 DELTA DAGGER
F-102 "三角剑" 截击机（美国）

■ 简要介绍

　　F-102截击机，代号"三角剑"，是美国一型单座单发三角翼全天候超声速喷气式截击机。它是为达到超声速而设计的，是美国第一种有人驾驶超声速专用截击机，粗短的机身容纳了飞行员、雷达、导弹和3790升以上供J57-P-23加力式发动机使用的燃油，使用空空导弹来攻击目标，主要用于美国本土的防空作战，捍卫领空拦截入侵之敌，作战对象主要是冷战时期苏联空海军的几种战略轰炸机。该机已作为全美半自动防空体系SAGE中不可或缺的重要一环来加以开发和使用，意义十分重大。

■ 研制历程

　　1945年，和其他大型飞机制造公司一样，美国康维尔飞机公司同样也按照与空军签订的合同，对缴获自德国的大量跨声速风洞试验和运算数据进行分析，并试图从中取得自己可用的经验公式和设计规律。战后的美国，同样急切需要属于自己的喷气式高速飞机，其最优先的实用对象自然是战斗机。

　　1945年8月，美国空军（当时还是美国陆军航空队）公开招标研制一种超声速截击机。

　　1946年5月22日，美国空军宣布康维尔公司竞争获胜。1948年9月18日，试验机XF-92A首飞，这也是世界上第一次三角机翼喷气式飞机的首次飞行。

　　1950年，在取得了XF-92A的飞行实验数据以后，F-102的设计正式起步。1953年10月24日，在最早的2架YF-102原型机中，1号机首飞，但首飞后的第8天在迫降时坠毁。它重新试飞于1954年2月20日。顺利地实现了超声速飞行。1955年6月，量产1号机交付部队服役。1986年F-102退役。

基本参数	
长度	20.81米
翼展	11.62米
高度	6.48米
空重	12565千克
动力系统	普惠J57-P-23或J59-P-25 加力涡喷发动机
最大航速	1531千米／小时
实用升限	16400米
最大航程	2173千米

■ 作战性能

F-102导弹舱内带1枚AIM-26A和3枚AIM-4C空空导弹，装在可快速伸出的发射导轨上。导弹舱门上的发射管内还装有24枚69毫米火箭弹。所有武器都由MG-10火控系统控制自动发射。F-102安装了当时美国最好的拦截作战机载设备，主要包括可进行全自动追尾瞄准的MG-10火控系统、红外线目标搜索系统、跟踪和拦截计算机、L-10自动驾驶仪、APX-6A敌我识别器，等等。

▶ 二战期间，德国航空先驱亚历山大·里普斯奇博士开始着手研究三角翼的气动特性

▲ F-102采用无尾（无水平尾翼）三角翼气动布局，气动外形的最大特点是机体沿纵轴的横截面积符合跨声速面积律的要求

■ 知识链接

1955—1956年，F-102A大约生产有875架，并在美国27个空军防御司令部单位中服役，直到20世纪60年代末被F-106取代。被取代的这些F-102又进入美国23个国民空中卫队特遣队服务，1976年退役。

F-104 STARFIGHTER

F-104 "星战士" 战斗机（美国）

■ 简要介绍

　　F-104战斗机，代号"星战士"，是20世纪50年代中期美国洛克希德公司研制的第二代超声速战斗机。F-104的设计一反当时美国空军大型化、重型化的趋势，转而强调轻巧与简单。F-104是世界上第一种速度达到2倍声速的战斗机，并在20世纪60年代长期保持爬升率与最大升限的世界纪录。

■ 研制历程

　　1951年12月，洛克希德的首席设计师凯利·约翰逊前往韩国的美军空军基地，会见了不少F-86 "佩刀"的飞行员，听取他们对未来战斗机的意见。最理想的飞机应该是比现役战斗机更轻、更廉价、速度更快、升限更高、爬升率更大并具有良好机动性的飞机。

　　1952年11月，洛克希德正式启动这种轻型战斗机项目。1953年1月，美国空军"武器系统303A"项目招标揭晓，洛克希德的轻型战斗机原型中标。3月12日，美国空军和洛克希德签订合同，要求其生产两架原型机供验证评估，并赋予空军飞机编号XF-104。

　　1956年2月，第一架YF-104A出厂，2月17日首次试飞。

　　1958年5月7日，在爱德华兹空军基地上空进行动力跃升飞行，最大飞行高度达到27813米，创造了一项世界高度纪录。

　　该机被德、日、加、意、荷、丹麦等国采用（或在G型基础上改型），进行大批量生产，F-104主要型别有A、C、G、J、S等。共生产2578架。

基本参数	
长度	16.66米
翼展	6.63米
高度	4.11米
空重	6350千克
动力系统	通用电气J79加力发动机
最大航速	2459千米/小时
实用升限	15000米
最大航程	2623千米

■ 作战性能

F-104执行截击任务时，携带"麻雀"Ⅲ和"响尾蛇"空空导弹各2枚；执行对地攻击任务时，携带"小斗犬"空地导弹、普通炸弹或一颗900千克核弹，此外安装有一门M6120毫米机炮，备弹750发。

▶ F-104全机采用正常式布局，单发单座，两侧进气，机翼为带大下反角的平直翼，T形尾翼布局。为了减小阻力，机身长、细，并有明显的蜂腰设计

▲ F-104战斗机最高飞行速度为2450千米/小时，是20世纪60年代世界三大高性能战斗机之一

■ 知识链接

F-104刚开始装备于部队时，因航程短、载弹量小未成为美国空军的主力战斗机。1958年，洛克希德公司对F-104C的机体结构重新设计，提高了结构强度，改进了航电设备，研制成多用途战斗机F-104G，被德、日、加、意、荷、丹麦等国采用，进行大批量生产，共生产2000多架。

F-106 DELTA DART

F-106 "三角标枪"截击机（美国）

■ 简要介绍

F-106截击机,代号"三角标枪",是美国的一种超声速全天候三角翼截击机。该机是从F-102A改型而来,气动外形、结构、军械和机载设备方面改动较大,战术技术性能有较大提高。一般认为F-106是有史以来最好的全天候截击机。它在美国空军服役28年,比同时代的绝大多数飞机服役时间都长。

■ 研制历程

美国空军于1950年6月18日提出设计要求,截至1951年1月竞标结束,总共有6家厂商提交了9种方案。其中,共和公司提交了3种独立的方案,北美公司提交了2种,钱斯·沃特、道格拉斯、洛克希德和康维尔各提交了1种方案。

1951年7月2日,空军宣布康维尔、洛克希德和共和被选中继续进行预研。三家公司都相信自己能够获得生产合同,将自己的设计全面推进到模型阶段。9月11日,康维尔的三角翼设计获得了合同,编号F-102。

F-106是在F-102的基础上改进的,康维尔公司从1954年开始改进,改进地方较多较大,1955年开始制造原型机。1956年6月17日,F-102B的升级版机型编号变更为F-106A。

首架原型机于1956年年末最终完成。1956年12月26日在爱德华兹空军基地首飞,1958年8月正式投产,1959年5月30日,第一架F-106A交付驻新泽西迈圭尔空军基地的防空司令部539中队。

▲ F-106A 采用了新的双前轮起落架

基本参数	
长度	21.56米
翼展	11.67米
高度	6.18米
空重	10730千克
动力系统	J75-P-17加力发动机
最大航速	2440千米 / 小时
实用升限	17400米
最大航程	3700千米

■ 作战性能

F-106机身武器舱内可装4枚半主动雷达制导的AIM-4E或红外制导的AIM-4F"超苍鹰"空空导弹，1枚AIR-2A"妖怪"或1枚AIR-2B"超妖怪"空空核火箭弹。1973年起又加装1门20毫米M61六管机炮。在漫长的服役期内，F-106创造了美国空军历史上单发飞机最低事故率的纪录。

■ 服役情况

1986年，美国空军将封存于亚利桑那州戴维斯-蒙桑空军基地的196架退役的F-106改装成QF-106A靶机。1987年7月完成了第一架靶机的改装。1991年年末在新墨西哥的白沙导弹靶场，QF-106作为全尺寸航空目标（FSAT）执行了任务，其后又在佛罗里达艾格林湾靶场执行任务，它们以霍洛曼和廷德尔为基地。QF-106的典型任务是作为红外制导导弹的目标。飞机在翼下挂架上安装有燃烧装置作为热追踪导弹的红外热源，但在实战中敌人肯定不会如此慷慨大方，这样只能使他们的飞机成为更好的靶子。

■ 知识链接

F-106战斗机作为美国空军的一种全天候截击机，主要用于美国本土的防空作战。F-106被称为终极拦截机，也是美国最后一种专用截击机。它在美国军队一直服役至20世纪80年代末期，在美国国家航空航天局则一直使用至21世纪前。

▲ F-106A 和 F-102A 两者的主要外部差别在机身，F-106A 拥有更加新潮的外形和蜂腰设计（也称为"可乐瓶"设计）。变斜面进气道充分远离机鼻，安装点移动到更靠近引擎的位置

A-3 SKYWARRIOR

A-3 "空中战士" 攻击机 (美国)

■ 简要介绍

　　A-3攻击机，代号"空中战士"，是美国的一种舰载攻击机，是美国海军第一代喷气舰载攻击机，它的出现，使混合动力的A-2黯然失色。在美国海军"北极星"导弹核潜艇服役以前，A-3一直充当着美国海军核打击能力的主力角色。作为航母上最大的作战飞机，A-3可投核弹。其服役时间长达40年，在多如繁星的美国海军舰载机中占有重要地位。

■ 研制历程

　　1948年6月，"柏林危机"发生后，美、苏对立局面逐渐形成之际，美国海军加速进行VAH重攻击机开发计划，以保持海上核武器机动性的报复力及打击力的优势，除了将原有的航空母舰重新改装外，还积极建造适合喷射式舰上机种活动的大型福莱斯特级航空母舰，设计加大的飞行甲板运用力，以配合VAH计划的施行。1949年3月，海军当局与道格拉斯公司订约，并拨款先行发展XA-3D-1原型实验机两架，准备以纯粹喷射动力新型号接替混合动力的AJ（A-2）野人系列。

　　原型机A-3D于1952年10月试飞成功，11个月后生产型下线开始服役。受益于其机身的优良设计，后来又发展出EA-3电子战飞机、RA-3侦察机、KA-3空中加油机等发展型号。

▲ A-3 在航母上降落

▲ A-3 采用 36 度后掠角上单翼，翼下吊挂两台发动机的布局，乘员 3 人，为了在航母上停放，外翼和垂尾可折叠

基本参数	
长度	23.27米
翼展	22.1米
高度	6.95米
空重	17876千克
动力系统	2台普惠J57-P-10 涡喷发动机
最大航速	982千米 / 小时
实用升限	12495米
最大航程	3380千米

■ 作战性能

A-3具有巨大的起飞重量和精密的导航系统，使其可选择各种高度投掷核武器，虽然被归入攻击机，但实际上已经具备核轰炸的性能，堪称"攻击机中的轰炸机"。基于以上开发背景的考虑，A-3攻击机成为美国海军的超大型舰载攻击机，其31吨以上的最大起飞重量，比二战中的B-24轰炸机还超出5吨。

■ 服役情况

1957年，舰载中队开始装备A-3D-2，VAH-2首先接收该机。A-3D-2创造了一系列重要的飞行纪录，1952年3月21日，一架A-3D-2创造了从西海岸横跨美国大陆耗时5小时12分的速度纪录，以及洛杉矶-纽约-洛杉矶航线9小时31分的速度纪录。6月6日两架"空中武士"从加州海岸旁"好人理查德"号航母上起飞，飞越美国在4小时后降落在佛罗里达州东岸旁的"萨拉托加"号上。最终A-3D-1和A-3D-2装备13支VAH中队（包括两支补充训练中队）。A-3D-2主要担负战略轰炸任务，该机因庞大的机身和独特的外形而赢得"鲸鱼"的绰号。

■ 知识链接

A-3舰载攻击机的服役时间长达40年，其可能是美国海军服役时间最久的作战飞机。美军还在A-3的基础上发展了EA-3电子战飞机、RA-3侦察机、KA-3空中加油机等发展型号。各种A-3共生产了282架。目前A-3各型已全部退出现役。

▲ A-3 攻击机是美国海军第一代喷气舰载攻击机，一直充当着美国海军核打击能力的主力角色

A-4 SKYHAWK

A-4 "天鹰" 舰载攻击机（美国）

■ 简要介绍

A-4攻击机，代号"天鹰"，是美国海军及其陆战队装备的一种单座舰载型攻击机，共有17个型别。主要用于对海上和沿岸目标进行常规轰炸，执行近距支援和浅纵深遮断任务。曾在越南战争中扮演关键的角色，亦参加过马岛战争、赎罪日战争。由于A-4的飞机结构很可靠，且是经过战火考验的型号，再加上购买新飞机需要庞大的资金，所以许多国家便改进A-4，以低于新飞机的价格来获得满足他们需求的飞机。

▶ 新加坡空军的 A-4SU "超级天鹰"

■ 研制历程

20世纪50年代初，面对同时代战斗机重量不断上升的趋势，道格拉斯公司的首席设计师爱德华·海尼曼博士成立了一个团队，借助公司投资进行研究，意图扭转这一趋势。减重在降低成本与提高性能上的好处是不言而喻的。他们提出一种十分大胆的，仅3175千克重的喷气战斗机，1952年1月将初步研究成果提交给了海军航空署。

1952年2月，道格拉斯公司的设计通过了初步全尺寸模型的审核，同年6月12日获得制造一架原型机的合同。军方型号XA4D-1。1952年10月通过了最终全尺寸模型审核，这时海军已经定购了9架生产型飞机，后增加到19架。1954年8月14日生产型首飞，此时仅距原型机首飞两个月。

◀ 航母上的"天鹰"机群

基本参数	
长度	12.22米
翼展	8.38米
高度	4.57米
空重	4750千克
动力系统	普惠J52-P8A涡喷发动机
最大航速	1083千米/小时
实用升限	12880米
最大航程	3220千米

■ 作战性能

　　A-4攻击机可挂载的武器有高爆炸弹或集束炸弹、无制导火箭或导弹，如AGM-12、AIM-9响尾蛇导弹、AGM-65小牛导弹，甚至AGM-88HARM。为了增加外挂武器，A-4可配备三重或多重发射架。它还是一种相当容易操纵的飞机，飞行员可随意操纵以达成作战要求而不必担心结构载荷过重，而高推重比及低翼载可提供极佳的操控性能。

◀ A-4G 在航母上

■ 知识链接

　　越战期间，A-4出动的架次超过美军任何一种飞机，仅1966年，A-4的飞行次数即占美国海军全部轰炸攻击任务的60%。A-4经常保持95%的飞机可供使用数量，在执行任务时损失率很低，曾经有一架A-4飞机在被4发37毫米高射炮弹击中后，继续飞行370千米安全返回基地。尽管如此，越战时期由于各种原因，美国海军和陆战队也损失了362架A-4/TA-4F。

A-6 INTRUDER

A-6 "入侵者" 舰载攻击机（美国）

■ 简要介绍

A-6攻击机，代号"入侵者"，是美国海军的双座全天候舰载攻击机，主要用于低空大速度突防，对敌纵深目标实施核攻击或常规攻击。它是全天候及超低空作战性能最佳的舰载攻击机，素有"全季节飞机"之称，具备特殊强韧的攻击力，足以适应自赤道非洲至极地间全域带作战的需要，尤以担任夜间或恶劣天气下的奇袭任务而著称于世。

■ 研制历程

朝鲜战争时，美国海军深切认识到需要一种全天候舰载攻击机。1957年12月底，8家公司参加竞标，最终格鲁门公司脱颖而出。

1958年9月，A-6开始初始设计和风洞试验，1960年4月19日首飞成功。1963年2月，弗吉尼亚州奥西纳海军航空站的第42攻击机训练中心开始接收A-6A，先期进行飞行员适应性训练。1963年7月，正式进入美国海军服役。

▲ 准备自"企业"号航母上起飞的 A-6E

基本参数	
长度	16.69米
翼展	16.15米
高度	4.93米
空重	12093千克
动力系统	2台普惠J52-P8B涡喷发动机
最大航速	1037千米/小时
实用升限	12900米
最大航程	5219千米

■ 作战性能

A-6攻击机采用双座双发气动布局，装备较完善的自动化导航和攻击系统，即使在恶劣天气条件下或夜间飞行也可以携带大量攻击武器，以低空高亚声速突防。由A-6改装的电子干扰飞机主要用于通过压制敌人的电子活动和获取战区内的战术电子情报来支援攻击机和地面部队的活动。

▶ 停放在"肯尼迪"号航母飞行甲板上的 S-3A、A-6E 及 EA-6B

◀ 一架 EA-6B 正准备由"小鹰"号上起飞

■ 知识链接

1991年"沙漠风暴"行动（即海湾战争）是A-6E的谢幕演出，也是A-6系列攻击机的最后一次表演。海湾战争期间，美国投入了115架A-6攻击机（主要是E型飞机）。其中包括海军在红海和波斯湾部署6艘航母上的6个飞行联队和海军陆战队的两个飞行中队。

63

A-7 CORSAIR II
A-7 "海盗 II" 舰载攻击机（美国）

■ 简要介绍

A-7攻击机, 代号"海盗 II", 是20世纪60年代美国以F-8战斗机为基础改进研制的一种舰载攻击机, 用来取代A-4攻击机。该机的外形布局与F-8相似, 主要改变是加大机翼翼展、缩短机身、增加挂架, 将推力较大的涡喷发动机换成推力较小但耗油率较低的涡扇发动机, 并更换电子设备, 使一架M2.0级的战斗机演变成一架高亚声速、航程远、载弹多的舰载攻击机。A-7在历次实战中表现不错, 尤其在越南战争中, 作为常年飞行于低高度防空火力网内的攻击机, A-7的低战损率和高任务效能都很突出。

■ 研制历程

A-7攻击机的研制周期比较短, 1963年6月凌·特姆科·沃特公司开始研制, 1965年9月第一架原型机首飞, 生产型于1966年10月开始交付入役。

A-7攻击机服役后, 又改进研制了多种型号。A-7攻击机系列总共生产了1569架。2014年10月, 希腊空军为全世界最后的A-7"海盗 II"举办了盛大的退役仪式。

▲ A-7 的座舱

基本参数	
长度	14.06米
翼展	11.8米
高度	4.89米
空重	8676千克
动力系统	TF41-A-2非加力发动机
最大航速	1111千米 / 小时
实用升限	13000米
最大航程	2485千米

■ 作战性能

A-7攻击机共有8个挂架，其中机身下2个，机翼下6个。机身下两个挂架每个可挂227千克载荷，通常只挂"响尾蛇"空空导弹用于自卫；每侧机翼下外侧的两个挂架均可挂1587千克载荷，靠内侧的挂架可挂1134千克载荷。可选挂的载荷有常规炸弹、核弹、火箭弹、空空/空地导弹、激光制导炸弹、集束炸弹、电子干扰吊舱、机炮舱、副油箱等。

▲ A-7 投掷炸弹

■ 知识链接

A-7攻击机原来仅针对美国海军航母而设计，但因其性能优异，后来也获美国空军接纳，以取代A-1攻击机、北美F-100及共和F-105战斗轰炸机。

A-10 ATTACK PLANE
A-10 "雷电II" 攻击机 (美国)

■ 简要介绍

A-10攻击机，代号"雷电II"，美军昵称其"疣猪"，是美国一型单座双引擎攻击机。

它依靠强大的火力专司对地攻击，是美国空军现役唯一一种负责提供对地面部队密集支援任务的型号，包括攻击敌方坦克、武装车辆、重要地面目标等。虽然集现代高科技于一体的F-16、AH-64等先进飞机抢占了A-10的许多作战机会，但是在北约大规模空袭南联盟的作战行动和伊拉克战争中，证明了A-10无法被撼动的独特地位。

■ 研制历程

1966年，美国空军根据A-1攻击机在越战中的经验教训，提出了A-X计划。波音、西斯纳飞行器、费尔柴尔德、通用动力、洛克希德与诺斯洛普等公司纷纷提出他们的设计方案。1970年12月空军宣布诺斯洛普公司和费尔柴德两家公司的设计方案获选进入原型机设计与竞标阶段。1971年美国空军将飞机的正式编号送交两家公司：诺斯洛普为YA-9，费尔柴德为YA-10。

1973年1月，美国空军宣布费尔柴尔德公司的设计获胜。预生产型的A-10于1975年2月首飞，10月21日首架生产型飞机试飞，同年开始装备空军。

▲ A-10 的正面，可清楚见到前机轮安装位置偏右，而机炮则偏左

基本参数	
长度	16.26米
翼展	17.53米
高度	4.47米
空重	11321千克
动力系统	2台通用TF34-GE-100非加力涡扇发动机
最大航速	833千米 / 小时
实用升限	13700米
最大航程	3900千米

■ 作战性能

A-10的设计非常适合低空作战。该型所采用的中等厚度大弯度平直下单翼、尾吊双发、双垂尾的常规布局，是决定其成为优秀武器平台的关键。其最大载弹量高达7258千克。A-10的弱点是飞行速度较慢，除采用机炮、导弹、火箭弹实施攻击与自卫外，它还依赖比较完善的电子战能力。其电子战设备主要包括雷达告警系统、箔条曳光弹投放系统及电子干扰系统。A-10在机首、机尾设置有AN/ALR-46（V）雷达告警接收机（RWR），或者AN/ALR-69（V）雷达告警接收机。这些雷达告警接收系统与红外诱饵弹、箔条投放装置控制系统交联，能够保证在威胁方向上，适时投放干扰物，从而减少来自空中或地面导弹、火炮的攻击。

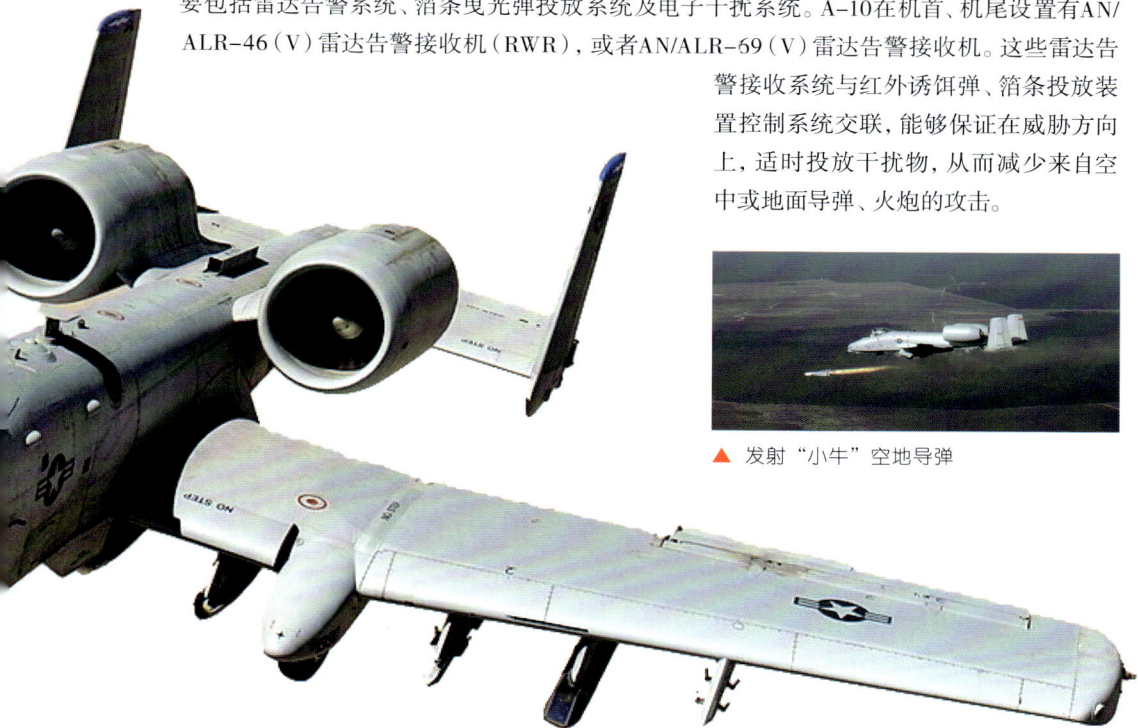

▲ 发射"小牛"空地导弹

▲ A-10的主要武器是内置的
30毫米GAU-8复仇者机炮

■ 知识链接

1991年的海湾战争，A-10第一次参加实战。144架A-10出动了将近8100架次任务，使其成为在该战役中效率最高的作战飞机。另外部分被破坏的雷达设施也是由A-10负责，在猎杀高机动性的飞毛腿导弹发射平台方面，A-10也发挥了重要作用。

F-117A NIGHTHAWK
F-117A "夜鹰"隐形攻击机（美国）

■ 简要介绍

F-117A攻击机，代号"夜鹰"，是美国一型单座双发飞翼亚声速喷气式多功能隐身攻击机，是世界上第一型完全以隐形技术设计的飞机。设计目的是凭其隐形性能突破敌火力网，压制敌防空系统，摧毁严密防守的指挥所、战略要地、工业目标，可执行侦察任务。它也有反舰和空地空能力，空对空攻击的主要目标是空中预警和控制飞机以及远程干扰飞机。服役后参加过入侵巴拿马、海湾战争、科索沃战争等军事行动。

■ 研制历程

1973年，美国新的隐形战机计划立项，最终洛克希德公司获得研制资格。1号原型机于1981年10月21日开始试飞，2号原型机于1982年1月23日试飞，同年3月22日还完成了首次夜间飞行。1983年10月，第一架F-117A进入托诺帕试飞基地的第4450战术大队服役（现为第37战术战斗机联队），最后一批于1990年夏天交货。2008年4月全部退役。

基本参数	
长度	16.26米
翼展	17.53米
高度	4.47米
空重	11321千克
动力系统	2台通用TF34-GE-100 非加力涡扇发动机
最大航速	833千米/小时
实用升限	13700米
最大航程	3900千米

▲ KC-135 加油机正在为 F-117A 加油

■ 作战性能

　　F-117A攻击机的所有武器都挂在两个武器舱中, 提供了2300千克的荷载能力, 理论上几乎能携带任何美国空军军械库内的武器。其最大的设计特点就是隐身性, 这也导致了它有许多缺点, 是设计时以隐身性能为首要考虑而造成的。如速度慢、机动能力差, 这主要是因为机身结构、布局为照顾隐身需要, 气动性能不佳, 发动机则推力减小, 并且无加力。作为世界上第一种隐身战斗轰炸机, 其在世界航空史上具有重要意义。

▲ F-117A 发射 GBU-27 激光制导炸弹

■ 知识链接

　　1964年, 苏联科学家彼得·乌菲莫切夫在《莫斯科学院无线电工程学报》上发表了一篇颇有创意的论文《物理衍射理论中的边缘波行为》。在这篇文章中, 他提出, 物体对雷达电磁波的反射强度和物体的尺寸大小无关, 而和边缘布局有比例关系。乌菲莫切夫说明了如何计算飞机表面和边缘的雷达反射面。从他的理论可以得出一个结论, 即使一个很大的飞机, 仍然可以被设计成能够"隐身"的。

◀ F-117A 机头正对目标时雷达截面最小

F–14 TOMCAT
F-14 "雄猫" 战斗机（美国）

■ 简要介绍

F-14战斗机，代号"雄猫"，是美国一型双座双发超声速多用途舰载战斗机，在世代上属于第三代战斗机。它是美国在冷战时期为对付苏联远程轰炸机而设计的，主要部署在航空母舰上。它的特点是速度快，并且是美国第三代战斗机中火力最强的机种，也是最早具有多目标跟踪和打击能力的战斗机。

■ 研制历程

F-14战斗机是根据美国海军20世纪70年代至80年代舰队防空和护航的要求，由格鲁门公司研制，1967年年底开始研制，1970年12月21日原型机首飞，1972年5月交付使用。

1987年，装备改进型发动机的F-14B正式投产。1988年，F-14在雷达、航空电子设备和导弹挂载能力等方面经过了进一步改进升级，并定名为F-14D"超级雄猫"。

▲ 可变后掠翼是 F-14 的一大特点。在高速时，主翼完全后掠而呈三角翼状（上），在低速时，主翼伸展（下），使得 F-14 在各种高度、速度都有最佳的升阻比

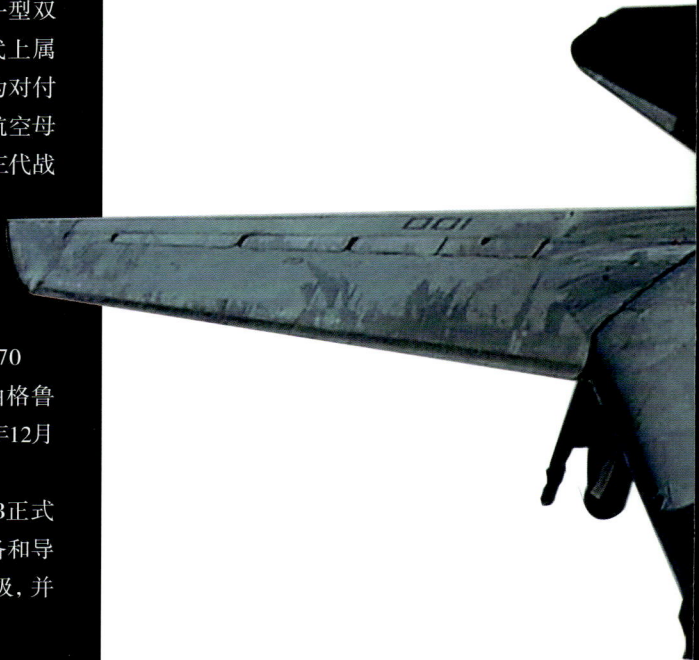

基本参数	
长度	19.10米
翼展	19.54米（后掠角20°） 11.65米（后掠角68°） 10.15米（后掠角75°）
高度	4.88米
空重	18191千克
动力系统	2台F110加力涡扇发动机
最大航速	2916千米 / 小时
实用升限	18290米

■ 作战性能

F-14在护航时，能在一定空载的情况下夺取并保持制空权，驱逐敌战斗机，保护己方的攻击力量；在防空时，能在距舰队160千米~320千米的空域巡逻2小时或从航母甲板弹射起飞执行截击任务；在截击时，外部挂架可以挂6枚AIM-7E/F导弹加4枚AIM-9G/H"响尾蛇"空空导弹，或者挂6枚AIM-54A"不死鸟"远距空空导弹，加2枚"响尾蛇"导弹。对地攻击时，可挂14颗MK82炸弹或者挂其他武器。

▶ 发射"不死鸟"导弹

▲ F-14D 的仪表配置，增加了多功能显示器

■ 知识链接

美国海军装备的最后22架F-14均部署在CVN-71"罗斯福"号航空母舰上。2006年7月28日，F-14完成了其作为现役战斗机的最后一次飞行，随后退役，开始换装F-18E/F"大黄蜂"战斗机。从美军退役后，伊朗成为世界上唯一一个装备F-14战斗机的国家。

F-15 EAGLE

F-15 "鹰" 战斗机 （美国）

■ 简要介绍

　　F-15战斗机，代号"鹰"，是美国空军一型双座双发后掠翼喷气式超声速全天候高机动性空中战术战斗机。它主要用于空中优势作战任务，并发展了空地作战改型。该机具备完善的全天候作战能力，可使用先进的中距空空导弹摧毁敌机。它具有比以往任何一种战斗机都要优越的机动性、操纵性、航程、火力和电子设备。其电子和武器系统无论在有支援的本方空域，还是敌占区域，都能有效地发挥作用。而其他的一些战斗机往往过于依赖地面基地的支援。

■ 研制历程

　　1962年，美国空军展开了F-X计划，1966年4月，美国空军指定麦克唐纳·道格拉斯、北美·洛克韦尔和费尔柴尔德·共和三家公司参与F-X计划竞争。

　　1969年12月23日，经过详尽的评估之后，美国空军系统司令部（AFSC）宣布麦克唐纳·道格拉斯所提出的设计方案在F-15计划竞争中获胜，成为该计划主承包商。

　　1972年7月27日，原型机YF-15F-1实现首飞。此后，9架单座原型机（F-2/10）和2架双座原型机（TF-1/2）相继试飞。

　　1976年1月，美国内利斯空军基地的第1战术战斗机联队下属中队开始换装F-15A/B，担负战斗值班。

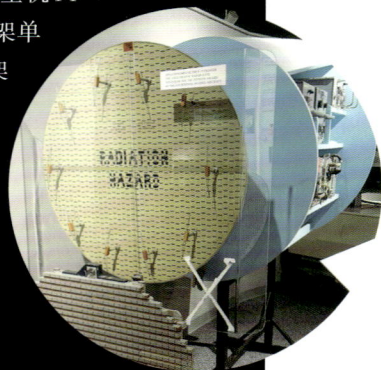

基本参数	
长度	19.45米
翼展	13.05米
高度	5.65米
空重	12973千克
动力系统	2台F110加力涡扇发动机
最大航速	3063千米/小时
实用升限	19800米（A/B/C/D型） 15000米（E型）
作战半径	5745千米（带保形油箱） 4631千米（不带保形油箱）

▲ F-15上用的 A/APG-63雷达

■ 作战性能

F-15战斗机有6个翼下挂点、4个机身外侧挂点、一个机身中线挂点，总外挂可达7300千克，F-15的主要武器是AIM-7空空导弹、AIM-9空空导弹和AIM-120空空导弹等。还可以挂载美国空军各种航空炸弹，包括自由落体核弹，以及2000千克GBU-28碉堡穿透炸弹。辅助武器为右侧进气道外侧安装的一座M61A1火神机炮。

F-15搭载有自动化的武器系统，采用"手控打击控制"（HOTAS）设计，让飞行员只需使用节流阀杆和操纵杆上的按钮，就可以有效地进行空战。而所有的设定与视觉导引都会显示在抬头显示器上。

▲ F-15C 发射 AIM-7 "麻雀" 空空导弹

■ 知识链接

F-15战斗机早期装两台普拉特·惠特尼公司F100-PW-100涡扇发动机，1991年后换装推力为129千牛/级的F110-GE-129或F100-PW-229涡扇发动机。普拉特·惠特尼公司研制的F100-PW-100发动机单台静推力65.2千牛，加力推力高达11340千克，为F-15的优越性能提供了坚实的基础。

F-16 FIGHTING FALCON
F-16 "战隼" 战斗机（美国）

■ 简要介绍

F-16战斗机，代号"战隼"，是美国空军一型单座单发喷气式多用途空中优势战斗机，是美国第三代或第三代半战斗机，也是世界上最成功的战斗机之一。它是美国第一种能够进行9G过载机动的战斗机，也是美国首先采用线传飞控、人体工程学座舱的战斗机之一。此外在设计时参考了"能量机动理论"，具备高推重比、低翼载荷等性能特征。从1981年贝卡谷地空战至今几乎参与了历次大规模战争，其性能经受住了实战考验。

■ 研制历程

美国从20世纪60年代中后期就开始考虑研制第三代战斗机。1972年1月，美国空军正式提出新型战斗机的研制计划。1972年4月，美国空军从投标的五家公司中选定通用动力公司的401和诺斯罗普公司的P-600两个方案。通用动力公司的401方案军用编号为YF-16，诺斯罗普公司的P600军用编号为YF-17。

1975年1月，美国空军宣布YF-16中选，正式确定飞机的军用编号为F-16。F-16试验型飞机于1976年12月首飞。

▲ "宝石路"系列激光制导炸弹，可以从有限的防空区外投掷，准确地攻击各种地面和水面目标

基本参数

长度	15.09米
翼展	9.45米
高度	5.09米
空重	8495千克
动力系统	普惠F100-PW或通用F110-GE发动机
最大航速	2175千米/小时
实用升限	15239米
最大航程	4220千米

▼ M61A1 "火神" 20毫米航炮

作战性能

F-16飞机的空战性能极佳。它问世不久，美国就把约40架F-16A卖给了以色列。以军飞行员将这种飞机的性能发挥得非常出色，以两次远程奔袭作战使F-16名扬四海。F-16在美国空军服役期间，美国人发现这种飞机超大的载弹量和灵活的机身更适合用于对地和对海攻击。

▲ 普惠F100-PW-200涡轮风扇发动机是普惠公司的代表作之一，也是美国空军现役使用最多的涡轮扇发动机

服役动态

20世纪70年代研制的F-16战斗机与F-15战斗机是美国空军20世纪80年代至今的主力机种之一。从1976年开始批量生产，共生产近4600架，销售近30个国家和地区，其产量超过绝大多数国家空军的飞机数量总和，是世界上最优秀的第四代战斗机之一。尽管F-16仍在不断升级和改进，许多国家仍计划在10年内逐渐淘汰F-16战斗机，取而代之的则是第四代战斗机。

知识链接

AIM-120是美国研制的第一款主动雷达制导、视距外、"发射后不管"的先进中距空空导弹，十几年来衍生了A、B、C、D四种型号，是世界上最先进的中距空空导弹之一。

F/A-18 HORNET

F/A-18 "大黄蜂"战斗机（美国）

■ 简要介绍

F/A-18战斗机，代号"大黄蜂"，是美国海军一型单座/双座双发后掠翼超声速喷气式多用途舰载战斗机。它是美国军方第一种兼具战斗机与攻击机身份的型号，在世代上属于第三代战斗机，具备优秀的对空、对地和对海攻击能力。作为美国海军最重要的舰载机，其用途广泛，既可用于海上防空，也可进行对地攻击。

■ 研制历程

F/A-18战斗机由美国麦道公司研制，原型机1974年6月9日首飞。1978年9月13日，第一架F-18A在圣路易斯工厂下线。11月8日该型在圣路易斯兰伯特机场进行了首飞。

1979年10月30日，第3架F-18A开始在CV-66"美国"号航母上进行舰载资格试飞，进行顺利。美国海军决定不再把"大黄蜂"分成战斗机和攻击机两种型号，该型性能强大到足以担负双重任务。

1980年4月，第一架生产型"大黄蜂"首飞。1983年进入美国海军服役，2006年7月28日F-14战斗机退役后，成为美国航空母舰上唯一的舰载战斗机。

▲ F/A-18 战斗机的衍生型 EA-18G "咆哮者"电子战飞机

基本参数	
长度	17.07米
翼展	11.43米
高度	4.66米
空重	10455千克
动力系统	2台F404加力涡扇发动机
最大航速	1814千米／小时
实用升限	15000米
最大航程	2346千米

■ 作战性能

　　F/A-18战斗攻击机是一款超声速多用途战斗机，主要特点是可靠性和维护性好，生存能力强，大仰角飞行性能好以及武器投射精度高。F/A-18的A～D型能执行空空和空地攻击任务，E/F携带自卫空空导弹时还能执行攻击性加油机的任务。其主要担负的任务包括舰队防空、压制敌防空火力、拦截、自我护航、进攻性和防御性空战及近距离空战支援。F/A-18一般部署在航母上，与航母战斗群一起执行部署任务。

▲ F/A-18C 突破声障瞬间

◀ 正准备在"史坦尼斯"号航空母舰上起飞的 F/A-18C

■ 知识链接

　　F/A-18家族中的最新机型是单座的F/A-18E和双座的F/A-18F，绰号"超级大黄蜂"，整个机身扩大了约30%，并换装新型的F414发动机。F/A-18E/F最大的进步在于其雷达反射面积减少约10%。除此之外，其武器挂载点的数量也较以往增加，并且可外挂多达五个副油箱，除了可大幅延长作战半径外，甚至还能执行简易的空中伙伴加油任务。

F-22 RAPTOR
F-22 "猛禽"战斗机（美国）

■ 简要介绍

F-22战斗机，代号"猛禽"，是美国21世纪初期的主力重型战斗机，是世界上第一种进入服役的第五代隐形战斗机。它配备了主动相控阵雷达、AIM-9X近程空空导弹、AIM-120C中程空空导弹、矢量推力引擎、先进整合航电与人机接口等。在设计上具备超声速巡航、超视距作战、高机动性、对雷达与红外线匿踪（隐身）等特性。F-22整体上领先于世界其他各种先进战斗机。F-22是禁止出口的，美国是其唯一使用者。

■ 研制历程

1981年，美国空军高层开始下一代战斗机的研发探讨，旨在研发一款能够取代当时作为主力的F-15的新型战斗机。同年6月，美国空军发布了对于"先进战术战斗机"的信息请求书。ATF计划的硬性要求有三点：隐身、超声速巡航和短距离起飞。

1983年，承包商们一共拿出了约7个不同的气动方案来参加选型。1991年4月，经过激烈的竞争，洛克希德公司的YF-22原型机胜出。1997年9月7日，F-22进行首飞。F-22在2005年12月15日达到了初步作战能力。

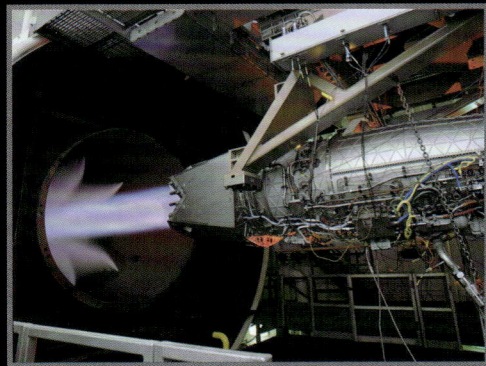

基本参数	
长度	18.90米
翼展	13.56米
高度	5.08米
机翼面积	78.04平方米
空重	19700千克
动力系统	2台普惠F119-PW-100涡扇发动机
最大航速	2410千米 / 小时
实用升限	19812米
作战半径	759千米

◀ F119-PW-100 涡扇发动机是美国普惠公司为F-22研制的推重比10一级的加力式涡扇发动机，它是普惠公司多年的经验和新技术、新工艺、新材料的结晶，在结构和性能上代表了当时最先进的战斗机发动机的水平

▲ F-22 鼻锥 ANAPG-77 主动式相位阵
列雷达

▲ M61A2 火神式六管旋转机炮

■ 作战性能

　　F-22在航空电子设备、机动性能、武器配置方面整体领先于世界其他各种先进战斗机。它的主要武器有4个外挂点、2个内置弹舱（载弹量2270千克），空空挂载为6枚AIM-120加2枚AIM-9导弹；辅助武器有1门20毫米M61A2"火神"机炮，备弹480发。

　　F-22战斗机的隐身性能、灵敏性、精确度和态势感知能力结合，组合其空空和空地作战能力，使它成为当今世界综合性能最佳的战斗机。

■ 知识链接

　　F-22战斗机通过多种途径，尽可能设法减弱自身的特征信号，降低对外来电磁波、光波和红外线反射，达到与它所处的背景难以区分，从而把自己隐蔽起来。这就是"低可探测技术"，即隐身技术。

YF-23 FIGHTER II

YF-23 "黑寡妇II" 战斗机（美国）

■ 简要介绍

YF-23战斗机，代号"黑寡妇II"，是20世纪90年代美国诺斯罗普公司和麦道公司共同设计，竞标先进战术战斗机（ATF）合约的型号。美国空军于1991年4月23日宣布洛克希德公司YF-22获选优胜。YF-23一共只生产两架原型机，都已经不再飞行。后来成为第五代战斗机验证机。

■ 研制历程

YF-23是诺斯罗普公司和麦道公司为美国空军研制的第四代战斗机原型机，在与洛克希德公司YF-22原型机的竞争中落选，2架YF-23原型机都闲置下来，然而由于YF-23的独特气动外形，依然能承担一些专项试验任务。20世纪90年代早期，美国空军曾利用其中一架YF-23研究载荷校准技术。

YF-23载荷研究计划于1994年开始，进行了三四年的飞行试验，获得的试验结果为政府机构和航空工业部门提供了相关的设计依据。

基本参数	
长度	20.60米
翼展	13.30米
高度	4.30米
空重	13100千克
动力系统	2台普惠YF119或通用电气YF120加力涡扇发动机
最大航速	2335千米/小时
实用升限	19800米
最大航程	4500千米
作战半径	759千米

◀ YF-23 俯视图

■ 作战性能

　　YF-23与YF-22的各项性能比较仍是机密, 不过根据外界的观察, YF-23的飞行速度较高。虽然没有向量喷嘴和水平控制面, 后机身结构反而比较简单, 重量也较轻。YF-23与YF-22在大部分的飞行包络线范围下的性能差距不大, YF-22只有在低速下的控制性略胜一筹。两款飞机都采用内置弹舱, 必要时可以在机翼下另外携带武器。但是YF-23的量产型将需要延长机身以加入另外一个弹舱。设计团队皆宣称这两种飞机都没有攻角限制, 同时都具备超声速巡航能力。

▶ 维修中的 YF-23

▲ YF-23 前视图

■ 知识链接

　　由于YF-23战机项目竞争失败, YF-23战机最后只生产了两架就被下马。从技术来看, 无论从隐身性、超声速巡航能力, 还是低速过载性能, YF-23战机要比F-22略胜一筹。至于YF-23战机为何被放弃, 原因比较复杂, YF-23看起来很前卫, 但是相对于传统布局的F-22战机来说, 稳定性和实用性前景不明, 技术太过于冒进, 承担的风险太大, 所以美国谨慎地选择了保守风险低的F-22。

F-35 LIGHTNING II

F-35 "闪电II" 战斗机（美国）

■ 简要介绍

F-35战斗机，代号"闪电II"，是一款由美国洛克希德·马丁公司设计及生产的单座单发战斗机/联合攻击机。主要用于前线支援、目标轰炸、防空截击等多种任务，并因此发展出3种主要的衍生版本，包括采用传统跑道起降的F-35A型，短距离起降/垂直起降的F-35B型，与作为航母舰载机的F-35C型。F-35在世代上属于第五代战斗机，具备较高的隐身设计、先进的电子系统以及一定的超声速巡航能力。F-35也是世界上最大的单发单座舰载战斗机。

■ 研制历程

1993年，美国国防部启动了"联合先进攻击技术"JASF验证机研究，并且在1994年1月成立了JASF研究计划办公室，希望研制一种几个军种通用的轻型战斗攻击机系列。计划被定位为低档战斗机，这是因为现代先进战斗机，如F-22战斗机的成本太高，在财政上难以承受。最终，洛克希德·马丁公司接下了这一个大单。

F-35外形形似F-22的单引擎缩小版，而且它的确从中汲取了一些元素。F-35的排气喷口设备则从通用动力在1972年设计的垂直起降飞机Model200得到了灵感。2006年12月15日，F-35在德克萨斯州首飞成功。

基本参数	
长度	15.67米
翼展	10.7米
高度	4.33米
空重	13,154千克
动力系统	普惠F135加力涡扇发动机
最大航速	1930千米 / 小时
实用升限	18288米
作战半径	1160千米

■ 作战性能

F-35战斗机的主要武器有AIM-120 "AMRAAM"先进中程空空导弹、AIM-9X "超级响尾蛇"、AIM-132 "ASRAAM"先进近距离空空导弹、欧洲"流星"导弹、"JASSM"联合空地远距攻击导弹、小直径炸弹、AGM-158C远程反舰导弹，辅助武器是1具GAU-22/A25毫米机炮。与F-22相比颇有差距。

◀ F135-PW-600涡轮扇发动机是由美国普拉特·惠特尼公司研制的加力涡扇发动机。为了满足垂直起降要求，设计了升力风扇+发动机喷管下偏+调姿喷管的垂直起降动力方案

◀ 脉动生产线

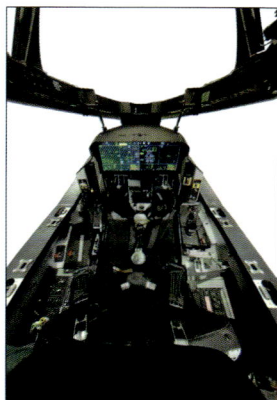

▲ F-35 先进的驾驶舱

■ 实战表现

2016年8月2日，美国空军空战司令部司令赫伯特·卡莱尔上将宣布，美国空军首支具备12～24架F-35A的作战中队具备初始作战能力。

2017年1月23日至2月10日举行的第17-1号红旗演习，驻扎希尔空军基地的美国空军第338战斗机联队与预备役第419战斗机联队的F-35A首次参与。

■ 知识链接

洛克希德·马丁公司，全称洛克希德·马丁空间系统公司，前身是洛克西德公司，创建于1912年，是一家美国航空航天制造商。公司在1995年与马丁·玛丽埃塔公司合并，并更名为洛克希德·马丁公司。目前洛克希德·马丁公司的总部位于马里兰州蒙哥马利县的贝塞斯达。近些年来，在全球军工百强企业排行榜中，洛克希德·马丁公司一直保持世界第一武器生产商的地位。

POLIKARPOV I–15
伊-15战斗机（苏联）

■ 简要介绍

伊-15战斗机是苏联最后一代双翼战斗机，是十月革命后，第一种广为外人所知的苏联自行设计制造的军用飞机。本机在航空史上也是重要的战斗机代表之一，因为其本机被苏联作为实验喷射发动机用，称为伊-15DM，是苏联在二战前诸多航空发展成就之一。曾经被军援过西班牙第二共和国。

■ 研制历程

受美国Trophy竞赛上的LairdLC-DW-300 "Solution" 小型双翼竞速机启发，苏联飞机设计大师波利卡波夫设计出伊-5战斗机。

随后，波利卡尔波夫在伊-5的基础上又设计出伊-15战斗机，1933年10月至11月，伊-15原型机进行试飞。

伊-15的改进型伊-152于1937年7月通过测试，并于同年10月在莫斯科第一飞机制造厂投入量产。

▲ 苏军装备的伊-15 战斗机

基本参数

长度	6.1米
翼展	9.75米
高度	2.2米
空重	1012千克
动力系统	M-22 九缸星形风冷发动机
最大航速	350千米 / 小时
最大航程	500千米

■ 作战性能

伊-15装备有4挺PV-17.62毫米同轴航空机枪或者2挺12.7毫米bs机枪，4枚40千克的炸弹或2枚50千克的炸弹，6枚RS-82火箭弹。在与菲亚特CR-32驱逐机对抗时，灵敏忄稍差，爬升、俯冲及火力等略胜一筹。

■ 实战表现

1936年7月18日，西班牙内战爆发。苏联向共和军方面提供了飞机684架，其中就有部分伊-15、伊-152。同时苏联还以志愿人员的名义向西班牙派遣了空军人员参加作战，为苏联空军获得了大量的实战经验。就飞机性能来说，伊-15是当时参战的双翼战斗机中性能较好的，和叛军"秃鹰军团"使用的Bf-109的初期型、菲亚特CR-32比较起来，格斗时在机动性上略占优势。

▲ 伊-15 战斗机

■ 知识链接

尼古拉·波利卡尔波夫是苏联早期的战斗机设计师，被誉为苏联歼击机之父，为苏联设计了80多种飞机。20世纪30年代初，在苏联政府提出的"飞得最高、最快、最远"的口号鼓舞下，波利卡尔波夫于1933年至1934年又设计出两种有名的战斗机伊-15和伊-16，这两种战斗机在实战中表现不俗。

POLIKARPOV I-16
伊-16战斗机（苏联）

■ 简要介绍

伊-16战斗机是世界上第一种实用型、可收放起落架单翼战斗机。伊-16战斗机在二战开始时成为苏联空军的骨干，被苏联飞行员称为"伊莎克"或"伊萨克"的小型战斗机。在抗日战争、诺门罕战役和西班牙内战中表现十分突出，也参加了卫国战争初期和中期的战斗。

■ 研制历程

苏联于1933年开始设计伊-16，该机主要借鉴了20世纪30年代初期美国的竞速机"黄蜂"，此机采用下单翼，机身粗短，发动机功率强劲，其特点对伊-16的设计起到很大影响。

1934年2月18日，伊-16进行试飞。1935年，伊-16-4型在红场纪念五一国际劳动节的群众集会上首次露面，编队飞过红场上空。随后，伊-16-4型生产了约400架，开始装备于部队。

▲ 苏联飞行员驾驶伊-16战斗机

基本参数	
长度	5.99米
翼展	9米
高度	2.56米
空重	1350千克
动力系统	M-25发动机
最大航速	440千米/小时
实用升限	8270米
最大航程	810千米

▶ 伊-16战斗机座舱

■ 作战性能

伊-16战斗机装备有2挺或4挺7.62毫米口径施卡斯机枪，或2挺7.62毫米口径施卡斯机枪和2门20毫米口径施瓦克机炮，并可选择携带RS-82火箭8枚。伊-16采用钢管、木材为骨架，外覆蒙布并混合少量硬铝板作蒙皮，座椅后方有防弹钢板。伊-16前后有多种改型，在战斗中表现不俗。

■ 设计特点

为了降低重量，伊-16的机身设计的非常短小，导致飞机在飞行时经常无法保持平衡，操纵起来极为困难。另外伊-16没有安装座舱盖，这是因为伊-16的机身太粗太短，使得飞行员视野非常窄，即使正面视野也很差，所以空战中，需要飞行员探出头前后左右看一看，如果有座舱盖，飞行员就无法探头出去查看外界，找不到敌机的位置。

▶ 空勤人员正在为伊-16 战斗机作维护

■ 知识链接

在卫国战争中，仍有大量的伊-16战斗机在苏联空军服役。不过当时的德国空军已经装备了大量的BF-109等先进战机，无论是从装甲，还是火力来讲，伊-16已经无力应对。

MIKOYAN-GUREVICH MIG-15
米格-15战斗机（苏联）

■ 简要介绍

米格-15战斗机是20世纪40年代末期苏联米高扬设计局研制的第一代战斗机。其各型总产量超过18000架，曾装备苏联、波兰、捷克斯洛伐克、保加利亚、埃及、阿尔及利亚等38个国家，是苏联制造数量最多的一型喷气式战斗机。米格-15战斗机在20世纪50年代初的朝鲜战争中，首次大规模投入空战，显示了优异的飞行能力和作战性能。

■ 研制历程

米格-15是苏联米高扬设计局研制的一种高亚声速喷气战斗机。该型1946年开始设计时，受到苏军缴获的德国Ta183型喷气式飞机的影响很深，但总体设计还是由苏联设计师完成。

米格-15原型机1947年6月首次试飞。但因为第一架原型机制造粗糙、存在隐患，首飞着陆时机毁人亡。第二架原型机通过重新设计改进，1947年12月再次试飞成功。1948年6月投入生产，成为苏联空军的主力战斗机。

▲ 米格 -15 原型机 N310

▶ 在朝鲜战场上，米格 -15 的飞行速度、火力、机动性远远优于美军装备的 F-80 和 F-84，与美军最先进的 F-86 性能相当

基本参数	
长度	10.13米
翼展	10.08米
高度	3.4米
空重	3636千克
动力系统	克里莫夫RD-45型喷气发动机
最大航速	1078千米 / 小时
实用升限	15544米
最大航程	1782千米

■ 作战性能

米格–15战斗机上装备有一门37毫米机炮,两门23毫米机炮,携弹200发。米格–15的37毫米机炮可轻松地击穿F–86的飞机装甲,虽然在水平盘旋、俯冲加速性和作战半径上不如F–86,但由于推重比大,爬升性能出众,因此在垂直机动性方面压倒了美国当时的所有同类飞机。

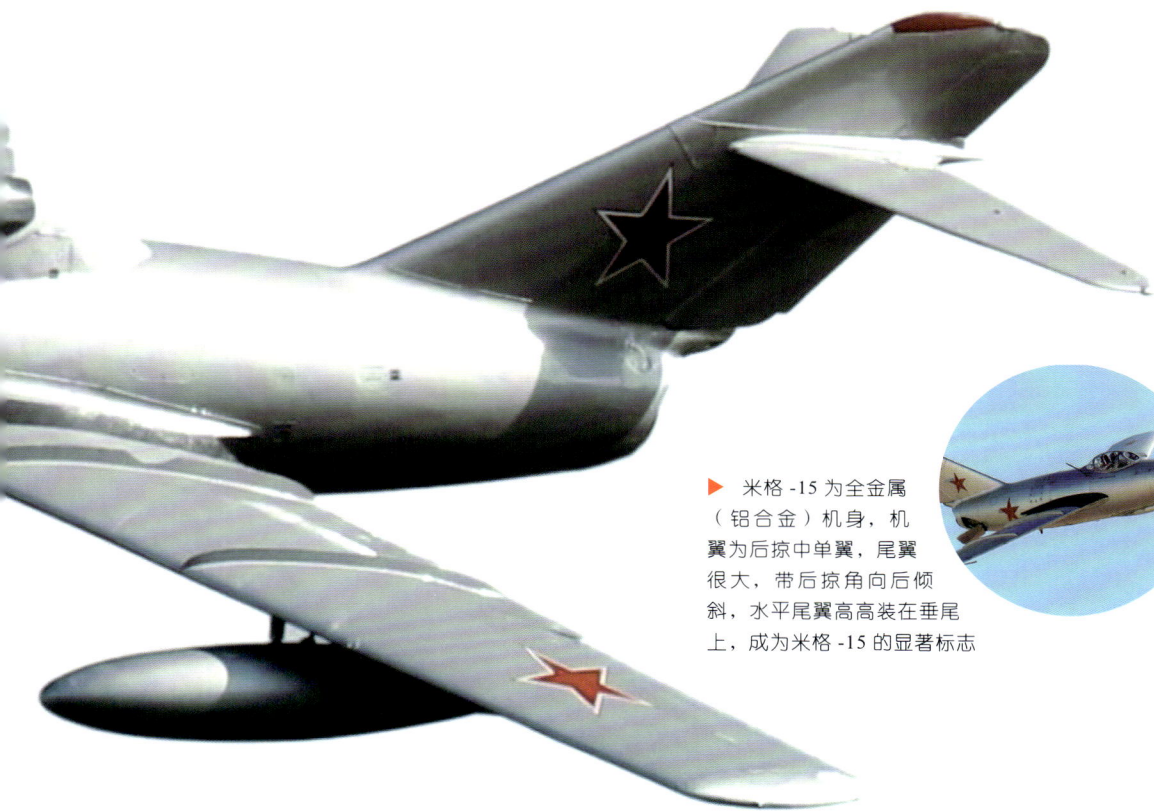

▶ 米格 -15 为全金属(铝合金)机身,机翼为后掠中单翼,尾翼很大,带后掠角向后倾斜,水平尾翼高高装在垂尾上,成为米格 -15 的显著标志

■ 气动布局

米格–15是苏联第一种后掠翼喷气式飞机,已初具现代战斗机雏形。米格–15采用头部进气,机身上方为水泡形座舱,内置弹射座椅。飞行中气流在头部由进气道内的隔板分为左右两股。机翼位于机身中部靠前,穿透机身,与进气道内的隔板共同作用,将进气气流分为四股。机翼后掠角35度,带4枚翼刀,翼下可挂两只副油箱或炸弹。

■ 知识链接

在朝鲜战争的空战中,米格–15显示出的优良性能,使美军千方百计想弄到一架完整的米格–15,以揭开它的秘密。美军先采取"空中围捕迫降",没能得手。后来,又发传单声明驾驶米格–15飞机"投诚",可得到100万美元的重奖,仍无所获。直到朝鲜战争结束两个月后,朝鲜人民军的一架米格–15误入韩国境内,美国如获至宝,立即将米格–15运往美国,反复研究,但价值已经不大。

MIKOYAN-GUREVICH MIG-17
米格-17战斗机（苏联）

■ 简要介绍

米格-17战斗机是20世纪40年代末期苏联米高扬设计局研制的单座高亚声速战斗机。该型战斗机是在米格-15比斯基础上发展而来。米格-17系列各型总共制造了10367架。除在苏联生产外，还授权波兰和捷克等国仿制量产，因此有众多衍生型号。米格-17后来逐渐退役，被超声速的米格-19战斗机取代。

■ 研制历程

1949年1月，米高扬设计局开始在米格-15比斯的基础上研究改进气动布局。改进型飞机代号为SI-1。除此之外还有一个代号为SP-2的全天候战斗机的项目。

1951年5月SI-1改进完成，6月1日开始试飞，6月23日试飞完成。8月厂内又进行了一次震颤试飞，然后交付官方验收。在验收过程中基于新机对米格-15结构上的改变非常大，于是采用新编号米格-17。

第二批验收飞行使用SI-2，从1951年7月10日开始使用。1951年8月25日，苏联政府正式决定批量生产米格-17。1951年9月1日起米格-17的制造工作全面铺开。

1952年进入苏联空军服役。米格-17有多个改进型号，其中最重要型别是米格-17F型昼间战斗机和装备了雷达具备全天候作战能力的米格-17PF型。

◀ 米格-17雷达验证机
SP-2机头雷达

基本参数	
长度	11.26米
翼展	9.63米
高度	3.80米
空重	3798千克
动力系统	VK-1A发动机
最大航速	1114千米/小时
实用升限	15600米
最大航程	2060千米

■ 作战性能

米格-17战斗机源自米格-15，气动外形、武器配置甚至发动机都几乎完全相同，但米格-17机体更大，设备更为丰富。与同一时期的其他喷气式战斗机相比，米格-17在速度、火力、机动性等各方面均占有一定优势，甚至在面对携带空空导弹、2倍声速、专用于空战的F-4战斗机面前也多有斩获。算上各个国家的衍生型号，米格-17超过15000架的总产量，使它占据喷气式战斗机产量的头名，也是它优良性能的一个体现。

▲ 米格-17 战斗机

■ 知识链接

1958年6月27日，两架米格-17在埃里温以南击落了一架C-119运输机。1958年9月2日，苏联米格-17在亚美尼亚上空击落了一架美国C-130运输机。1958年11月7日，两架米格-17攻击了一架侵入苏联领空的B-47轰炸机，并击伤对方。

▲ 看到米格-17座舱内部，马上感受到强烈的冲击——座舱的设计过于粗放，人机交互极不友好

MIKOYAN-GUREVICH MIG-19

米格-19战斗机（苏联）

■ 简要介绍

米格-19战斗机是20世纪50年代初期苏联米高扬设计局研制的一种单座双发喷气后掠翼战斗机，也是世界上第一种进入批量生产的超声速战斗机。米格-19战斗机当时也创造了1.3马赫的飞行速度纪录。米格-19战斗机产量并不高，远不及米格-15战斗机和米格-17战斗机，很快就被米格-21战斗机所取代。

▲ 米格 -19 战斗机

■ 研制历程

在装备雷达的米格-17PF进入苏联国土防空军服役后不久，苏联军队就发现这种飞机的性能不足以拦截英国的堪培拉 PR III 和美国的RB-57D侦察机。另外，美军的B-29轰炸机改为夜间轰炸，米格-15无法发现并拦截他们，这促使苏联加速发展一种全天候的截击机。

1950年，苏联政府命令米高扬设计局研制一种飞行速度能够超越声速并且航程要大于该设计局以前研制的所有战斗机的飞机。

1952年5月，原型机首次开始了飞行试验，但因为发动机不能达到要求需进行改进，直到1954年2月解决了大部分缺陷后才完成设计定型，苏联航空工业部在1954年2月17日下令批量生产该机，命名为米格-19"农夫"战斗机，3月第一批米格-19战斗机进入苏军服役。

▲ 米格 -19 是苏联空军与东德空军的主力装备

基本参数	
长度	12.5米
翼展	9.2米
高度	3.9米
空重	5447千克
动力系统	2台图曼斯基RD-9B或RD-9BF-811加力涡轮喷气发动机
最大航速	1455千米 / 小时
实用升限	17500米
最大航程	2200千米

■ 作战性能

米格-19是第一种配备减速伞的米格战斗机,它具有极为出色的机动性,特别是在爬升率方面。它可以在1分6秒内爬升到10000米高度,爬升到15000米也仅用3分30秒。米格-19出色的爬升率将与其同一时代出现的西方战斗机远远甩在了后面。米格-19在最大速度、爬升率和升限上都超过了比其晚服役4个月的F-100战斗机,并且F-100还比米格-19重大约73%。这是历史上苏联的主力战斗机首次在性能上全面超越它的美国对手。

■ 实战表现

作为苏联空军与东德空军的主力装备,米格-19参加了大量对西方飞机的拦截行动。1957年秋季,一架米格-19的驾驶员报告称发现了U-2侦察机。在U-2后来执行的几次任务中,米格-19多次起飞试图拦截,但由于升限限制均未成功。在拦截中,米格-19采用了一种被称为"仓卒向上射击"的机动(动力跃升),即通过打开加力冲刺至本机升限(甚至略微超过),然后用机炮或火箭弹攻击上方的U-2。这样的危险动作导致许多米格-19进入尾旋状态无法改变而坠毁。

▲ 米格-19战斗机产量并不高,很快就被米格-21战斗机取代

■ 知识链接

米格-19战斗机是第一种配备减速伞的米格战斗机,这种TF-19减速伞被装在位于左侧尾翼后下方的容器内,展开后长4.5米。使用该伞可将着陆滑跑距离由不开伞时的800米缩短到600米。

MIKOYAN-GUREVICH MIG-21

米格-21战斗机（苏联）

■ 简要介绍

米格–21战斗机是苏联一种单座单发超声速战斗机。它是根据朝鲜战争中喷气战斗机空战经验研制的，主要任务是高空高速截击、侦察，也可用于对地攻击，特点是轻巧、灵活、爬升快、跨声速和超声速操纵性好，火力强，其中高空高速性能被摆在了首要位置。掌握米格–21的操作相对容易，不过要想飞得好并不一定容易。各国空军在很长一段时间里不断购入米格–21。

■ 研制历程

米格–21战斗机由苏联米高扬设计局于1953年开始设计，1955年原型机试飞，1958年开始装备部队，20世纪60年代作为苏联空军的主力制空战斗机。

米格–21有20余种改型，除几种试验用改型，其余的外形尺寸变化不大，虽然重量不断增加，但同时也换装推力加大的发动机，因而飞行性能差别不大。由于机载设备不同和武器不同，各型号的作战能力有明显差别。

其原型其改进型（包含仿制、改良型）共生产了10000多架，是20世纪产量、装备最多的喷气战斗机之一，到2013年5月3日共有52个国家使用，曾进行过多次大规模的重要改进。

▲ 米格 -21 至今仍在很多国家服役

基本参数	
长度	15.4米
翼展	7.15米
高度	4.13米
空重	5900千克
动力系统	P–13加力涡喷发动机
最大航速	2695千米 / 小时
实用升限	18700米
最大航程	1300千米

■ 作战性能

米格-21有4个外挂架,载弹量1000千克,可携带红外制导或雷达制导的近距空空导弹或对空、对地火箭和炸弹,并有1门23毫米G3-23双管机炮,备弹200发。它是一种设计较好的战斗机,被大量使用。胜在价格便宜、速度快、可操控性强、维护要求低。但米格-21除了大速度、减速性能好以外,其机动性能不好,加上航电设备过于简单,武器挂载能力过小和航程过短,因而作战能力有限。

▶ 印度从苏联购入的米格-21曾与巴基斯坦的美制F-104交战,印军米格-21成功击落四架巴军F-104,让配备美制F-4和F-5的国家对米格-21感到芒刺在背

▲ 米格-21有20余种改型,由于机载设备不同和武器不同,各型号的作战能力有明显差别

■ 知识链接

米格-21促使美军对F-4进行改良工作,并加装了机炮;早年美军太过迷信机炮是落伍的兵器而全部使用导弹,如果导弹打光了而被敌人拉近交战距离就必死无疑。之后,因为米格-21的优异战绩给西方军事观察家高度震撼,促使美国以米格-21为假想敌展开了F-16的研制工作。

MIKOYAN-GUREVICH MIG-23
米格-23战斗机（苏联）

■ 简要介绍

米格-23战斗机是苏联一型单座单发可变后掠翼的超声速喷气式战斗机，在世代上属于第二代战斗机。1970年，米格-23开始服役，主要装备于苏联空军歼击-轰炸航空兵团，是苏联20世纪80年代主要战斗机种之一，约3000架，此外米格-23大量出口外销给世界各国。米格-23的战史导致其往往被认为是一种迟到的战斗机，以至于不得不与西方先进的第三代战斗机对抗，造成了其总体上可称悲剧的战史。

▲ 一张珍贵的米格-23-11
原型机图片

■ 研制历程

20世纪60年代，苏联经济和技术实力得到了增强，开始执行与美争霸的全球战略，客观上需要具有进攻能力的歼击-轰炸机。1964年10月，勃列日涅夫的上台使苏军前线轰炸航空兵摆脱了赫鲁晓夫所信奉的"导弹代替飞机"观点，米格-23和稍后的苏-24便由此诞生。

此时，变后掠翼技术走向成熟。苏联米高扬-格列维奇设计局的设计师们开始注意变后掠翼技术，他们分析了美国在研制第一种此类飞机F-111过程中的经验教训，同时根据计算做了许多不同的模型。

米格-23战斗机1967年6月10日首飞。1968年11月6日米高扬签发了试飞总结报告，该型迅速通过国家鉴定，被批准大批量生产。1970年，米格-23开始服役，主要装备苏联空军歼击-轰炸航空兵团，是苏联20世纪80年代主要截击机种之一，约3000架。此外米格-23大量出口外销给世界各国。

基本参数	
长度	5.88米（不计空速管） 16.71米（计空速管）
翼展	全展开（后掠角18°40′）：13.97米 全后掠（后掠角74°40′）：7.78米
高度	4.82米
空重	9595千克
动力系统	R-35-300加力涡喷发动机
最大航速	2879千米/小时
实用升限	18300米
最大航程	2900千米

■ 作战性能

米格-23突出的性能是飞行速度大,高空时达2.35倍声速,低空表速达1350千米/小时,且水平加速性好,利于低空突防、高速拦截和攻击后脱离。但米格-23的高空性能不突出,中低空机动性较差,如在5000米高度、0.9倍声速的最小盘旋半径为2200米,而它的对地攻击型由于武器挂载量较大,航程较远,低空突防速度大,不失为一种对地攻击能力较强的战斗机。

▶ 米格-23战斗机有5个外挂架,左右机翼下各有1个,左右进气道下各有1个,机身下中央有1个。外挂架可携带不同引导模式的空空导弹、火箭与其他武器,载弹量2000千克

▲ 米格-23战斗机采用了变后掠翼设计

■ 知识链接

米格-23战斗机采用了变后掠翼设计。变后掠翼解决了高低速飞行之间的矛盾。高速飞行时用大后掠角,飞机的阻力小,加速性好;低速飞行时使用小后掠角,机翼展弦比大,续航时间长,飞机的经济好且起降安全。但变后掠翼的缺点是使得飞机结构变得复杂,重量增加,可靠性下降。

MIKOYAN-GUREVICH MIG-25

米格-25战斗机（苏联）

■ 简要介绍

米格-25战斗机是20世纪60年代末期苏联米高扬设计局研制的高空高速截击战斗机，也是世界上首型最大飞行速度超过3马赫的战斗机。米格-25战斗机总产量约1200架左右，其中60%是侦察型，30%是截击型，10%是双座教练型。除在苏联空军中服役外，在冷战时期曾出口过叙利亚、伊拉克、印度等国家，至今仍活跃在这些国家的空军部队中。

■ 研制历程

米格-25于20世纪50年代末由米高扬设计局开始设计，它的研制主要是为了对付美国研发中的XB-70"瓦尔基里"轰炸机与A-12/SR-71"黑鸟"高空高速侦察机，这种侦察机的最高速度同样达到3920千米/小时，普通的截击机根本无法追上。

1961年，米格-25原型机在试验中创造了在22670米的升限以3000千米/小时飞行的世界纪录，当时世界上任何一架飞机都无法达到这一性能。

1963年12月，米格-25的第一架原型机（侦察型）出厂，1964年3月6日，苏联著名试飞员费多托夫首次驾机升空。同年9月9日，第二架原型机（截击型）开始试飞。随后第三架原型机（侦察型）也参加试飞。

1969年和1970年侦察型和截击型先后通过国家验收并投产。后来分别于1972年5月和12月交付部队使用。1984年，米格-25停产。

◀ 米格-25飞行员弹射试验

基本参数	
长度	22.3米
翼展	13.95米
高度	5.7米
空重	15000千克
动力系统	2台R-15B-300加力涡喷发动机
最大航速	3920千米/小时
实用升限	24400米
最大航程	2575千米

■ 作战性能

　　米格-25应高空的威胁而生，其设计初衷原是为了在两万米以上的高空截击入侵的地方侦察机和轰炸机，然而，在它1300余架的生产份额中，却有60％是侦察型或侦察轰炸型，高空高速的巨大突防优势使这架本来用于守卫苏维埃领空的巨大战斗机最终却只是把截击当成了"副业"，由一面坚厚的盾牌，摇身一变，成为刺穿敌方防控体系的一支利矛。

■ 知识链接

　　在"沙漠风暴"中，两架米格-25成功用侧转以及降低高度来逼近F-15的视线范围，但当与F-15进入缠斗动作时，却被F-15轻而易举地咬住尾巴。最终F-15将这两架超视距空战动作漂亮，但缠斗动作不及格的米格-25打落到沙漠。

▲ 米格-25是世界上闯过"热障"（M2.5）仅有的三种有人驾驶飞机之一（另两种是美国的SR-71和俄罗斯的米格-31）

MIKOYAN-GUREVICH MIG-29

米格-29战斗机（苏联）

■ 简要介绍

米格-29战斗机是苏联米高扬·格列维奇设计局（现俄罗斯联合航空制造集团公司）研制生产的双发空中优势战斗机。它是苏联第一种从设计思想上就定义为第四代战斗机的型号。米格-29后来的改型达20余种，包括教练机（米格-29UB）、战斗轰炸机（米格-29M）、海军舰载机（米格-29K）等。除苏联外，超过30多个国家使用，总生产数量1600余架，是一款出色的多用途战斗机。

◄ 米格 -29 机鼻上方有红外搜索 / 跟踪系统

■ 研制历程

米格-29诞生于20世纪60年代末的"先进战术战斗机"（PFI）计划，旨在针对美国的"FX"计划（F-15战斗机），展开相对应的对抗措施，PFI计划分为两个，一个演变为苏-27，另一个则是米格-29。

当时苏联空军为米格-29战斗机定下的基本设计指标是能在任意气象条件下和苛刻的电子干扰环境中，在全高度范围和以各种飞行剖面内，摧毁距其200米到60千米的空中目标。米高扬设计局正式设计开始于1974年，提出了多个方案。随后生产了约19架原型机。

1977年10月6日，原型机在朱可夫斯基试飞中心首飞。1982年，米格-29在莫斯科和高尔基飞机制造厂批量生产。第一架量产型号于1983年8月在莫斯科附近的库宾卡空军基地交付。

► 大改后的米格 -29M 的座舱更现代化

■ 作战性能

在设计上，米格-29升力型机身和大型机翼完整地以整体空气动力学形式融合。两个低于轴心的发动机配备有可调进气口，能承受持续9G的机体结构。此外还具备多模式脉冲多普勒雷达，全面的火控和电子战系统，武器为不少于6枚的空空导弹外加一门机炮。

米格-29的头盔瞄准具是整个火控系统中最有特色的部分。配合上R-73近距格斗空空导弹，这是一种具有全向攻击能力的新型格斗导弹，使米格-29能在近距格斗中占据有利地位。

▶ R-73 空空导弹（北约代号：AA-11 "射手"）是苏联/俄罗斯一型近距空中格斗导弹，是 20 世纪 90 年代世界上性能最好的格斗型红外制导空空导弹之一

■ 知识链接

米格-29的进气道采用了结构复杂的"防异物损伤保护装置（FOD）"，当飞机在环境恶劣的跑道上滑行或起飞时，FOD能够关闭起来，改由位于前缘根部延伸段（隐身融合大型前缘边条）上表面的辅助进气口进气，防止吸入异物损伤发动机。

基本参数	
长度	17.37米
翼展	11.4米
高度	4.73米
空重	11000千克
动力系统	2台RD-33加力涡扇发动机
最大航速	2817千米/小时
实用升限	18013米
最大航程	2100千米

MIKOYAN-GUREVICH MIG-31

米格-31战斗机（苏联/俄罗斯）

■ 简要介绍

米格-31战斗机是苏联/俄罗斯一型串列双座全天候截击战斗机。它采用上单翼、双垂尾、两侧进气道。其主要改进型包括米格-31B、米格-31BM、米格-31M等，至今仍是俄罗斯空军主力战斗机之一。其显著特点是速度快、火力强。

◀ 在北冰洋上空进行加受油训练的米格-31

■ 研制历程

米格-31战斗机由苏联米高扬设计局研制，是在米格-25基础上改进而成的新一代截击战斗机。1975年9月16日首飞，1979年开始小批量生产，1980年开始交付部队试用，1981年正式交付部队。

1984年，苏联防空兵正式确定改进米格-31，计划分三个阶段：第一阶段改进型为米格-31M，第二次阶段改进型为米格-31BM，第三阶段改进型为米格-31SM。米格-31M和米格-31BM的改进如期完成。

原计划1995年开始研制并在1999年开始服役的米格-31SM由于苏联解体而搁置。为保持空军的战斗力，俄罗斯将米格-31再次列入俄空军改良装备的名单，使其在未来的10~15年内仍能保持较高的作战能力。

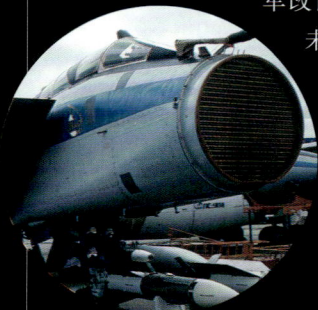

◀ 米格-31装备的N007"屏障"机载火控雷达是世界上最早投入使用的无源相控阵机载雷达

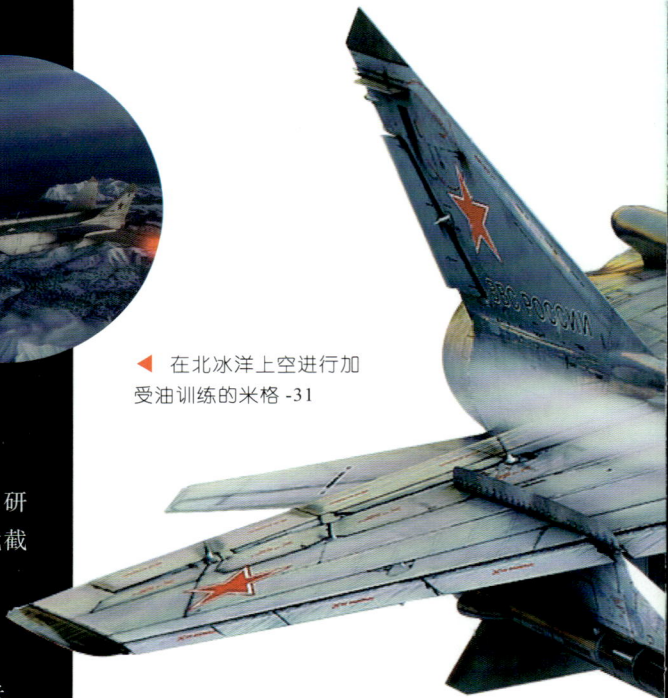

基本参数	
长度	22.68米
翼展	13.46米
高度	6.15米
空重	21800千克
动力系统	2台D-30F-6加力涡扇发动机
最大航速	3467千米/小时
实用升限	24000米
最大航程	3300千米

■ 作战性能

米格-31有8个外挂架,机身下4个,可挂4枚R-33远距半主动雷达制导空空导弹或4枚R-37远距主动雷达制导导弹。R37发展自R-33,是世界上性能最先进的远程空空导弹,拥有6马赫的速度和300千米的超远射程;两侧机翼下各有2个外侧挂架,可以挂2枚R-40T中距红外导弹,4枚R-60红外空空导弹成对挂在翼下2个外侧挂架上。

新一代米格-31使用新型流线防弹钢板,使存活度大大提高,即使已经被打得即将散架,只要油箱未爆也可继续飞行与攻击。新的引擎支持悬停系统,可以挂载更多武器,独有的隐身巡航技术,可以欺骗许多机型的侦测设备,进行埋伏或者突袭。

▲ 机腹下挂载6枚导弹的米格-31战斗机

▲ 米格-31机载R-37远距空空导弹的挂载装置为半埋式,根本不影响飞机的气动布局,确保其最大速度达到3000千米/小时,高度达到2万米~2.2万米

■ 知识链接

2011年9月,俄罗斯空军一架米格-31战斗机当天在彼尔姆边疆区坠毁,两名飞行员遇难。这架战斗机在执行例行飞行任务时,在距"大萨维诺"机场11千米处从雷达屏幕上消失。不久,搜救小组赶到坠机现场,并确认两名飞行员罹难。俄国防部成立了专门委员会对事故原因展开调查,同时下令在原因查清之前所有米格-31战斗机暂停飞行。

米格-35战斗机（俄罗斯）

■ 简要介绍

米格-35战斗机属于俄罗斯的四代半战斗机。凭借最新型的航电设备和先进的武器系统，米格-35已具备了执行多种任务的能力，包括与国外的第四代和第五代战斗机对抗并夺取制空权，拦截现役和在研的空袭兵器，全天候使用精确制导武器对地面和水面目标进行防区外打击，使用光电和无线电技术设备进行航空侦察，参加编队行动并作为空中指挥飞机对空中编队进行指挥。

▶ 米格-35战斗机采用的RD33MK发动机，具有全权限数字发动机控制单元

■ 研制历程

2005年的莫斯科航展上，米格宣布公司将自筹资金启动米格-35项目，目标直指印度的126架"中型多用途战斗机"（毫米RCA）招标。

2007年年初改装了一架米格-35D技术演示机，进行了各种地面和飞行测试。2009年，制造出两架米格-35原型机。

2010年4月，印度空军飞行员在俄罗斯参观了米格-35实弹打靶。遗憾的是米格-35败给法国"阵风"战斗机，被淘汰出局。

然而，米高扬设计局并未放弃米格-35项目，又继续制造出两架原型机。其中，米格-35UB型747号双座型原型机在2011年12月24日首飞，米格-35S型741号单座型原型机在2012年2月3日首飞。

2016年11月24日预生产型米格-35低调完成了首次飞行。2017年开始服役。

▲ 米格-35的雷达采用甲虫-AE有源电扫描雷达

基本参数	
长度	17.3米
翼展	12米
高度	4.73米
空重	11000千克
动力系统	2台克里莫夫RD-33MK加力涡扇发动机
最大航速	2756千米/小时
实用升限	17500米
最大航程	3100千米

■ 作战性能

米格-35战斗机两侧机翼下共8个外挂点，机身中央1个外挂点，最大外挂重量达7000千克。装备空空导弹R-60、R-73、R-77，空地导弹AS-14、AS-17。它通过先进多频谱火控系统和武器，提高了战斗力。放宽纵向静稳定度的气动布局、三通道四冗余数字线传飞控系统和推力更大的发动机，提高了机动性。加大内部和外部载油量和增加空中加油能力，增大了航程。降低雷达和红外特征、最新的自卫套件、冗余飞机系统等，提高了生存能力。采用经过验证的技术和设计解决方案，并集成系统健康监测和故障预测功能，提高了可靠性。

▲ R-77 空空导弹，北约代号"蟒蛇"，是苏联/俄罗斯一型主动雷达制导全向全天候中距空空导弹，具有可以"发射后不管"的能力

■ 知识链接

2012年，印度准备采购126架战斗机。米格-35曾一度入选采购名单，俄方还改装了原型机作为展示样本供印度参考。然而印度却宣布将采购法国的"阵风"战斗机，这标志着美国的F-16、F/A-18E/F，俄罗斯的米格-35，英国的"台风"，瑞典的JAS-39在印度的竞标中彻底出局。

▲ 米格-35D 是米格-35 的双座型号

MIKOYAN PROJECT 1.44
米格-1.44战斗机（苏联 / 俄罗斯）

■ 简要介绍

米格-1.44战斗机是苏联一型部分隐身设计的双发单座战斗机。它是苏联为与美国竞争第四代战斗机而研发的。该型采用非常规的三角翼、双垂尾的鸭式布局和可调S形进气道，结构上大量采用了复合材料和可降低红外特征的技术，机身表面和进气道内也采用了吸波涂层。

■ 研制历程

20世纪70年代中后期，美国首先开始了先进战术战斗机"ATF"预研项目，该项目最终的工程型号就是F/A-22"猛禽"隐身战斗机。20世纪80年代初，苏联针对美国的项目拟定出关于研制第四代战斗机的秘密决定，并责成航空工业部和空军联手完成这项秘密任务。

1983年，米高扬设计局向苏联空军提交了MFI多用途战斗机的设计方案(设计代号1.42)。后转化为新一代验证机米格-1.44。

1988年，米高扬设计局接到生产第一台米格-1.44的任务。1989年完成了全套图纸的设计工作，并开始了首架米格-1.44的生产。1991年，米格-1.44设计通过评审，米高扬设计局的实验设备厂和空军工业部21飞机工厂负责原型机制造。1991年苏联解体，米高扬设计局因资金问题，只在1994年生产出一架米格-1.44的技术验证机。

1998年年初，莫斯科"米格"航空工业联合公司又重新启动了研制工作，欲将其制造成第四代战机。2000年2月23日，米格-1.44战斗机进入首飞阶段，并于2月29日首飞。首飞后米格-1.44战斗机并没有进行量产。

基本参数	
长度	19米
翼展	15米
高度	4.5米
空重	18000千克
动力系统	2台AL-41F推力矢量加力发动机
最大航速	3185千米 / 小时
实用升限	21555米
最大航程	4000千米

■ 作战性能

　　米格–1.44战斗机是一种典型的复杂气动、简单飞控的验证原型机。整架飞机的可动翼面多达18处，尤其是腹鳍和尾撑都设计了可调舵面，限制了矢推航向控制和矢推俯仰控制能力。它作为验证原型机并未设计雷达舱，无法达到第四代战斗机的隐身设计要求；座舱隐身采用覆膜；进气道采用的是带有可调唇口的多波系可调进气道，相当于第三代战斗机的设计水平，几乎无隐身效果。

　　◀ 为了隐身，米格-1.44大量采用复合材料和综合红外特征控制技术，暴露在机腹的进气道采用独特的设计和吸波涂层。由于其采用V形垂尾，垂直安定面外倾角大、面积小，提高了垂直尾翼的效能和隐身性能。此外，其武器可全部挂在腹部弹舱内，降低了回波面积。米格-1.44战斗机的座舱盖略显暗黄，采用了金属镀膜处理，用于遮挡住雷达波，使其不能进入座舱内

　　▲ 米格-1.44战斗机采用苏联留里卡-土星公司研制的AL-41F发动机。该发动机推重比高达11，加力推力175千牛，融合了推力矢量控制系统，可以保证米格-1.44战斗机做不加力长时间超声速巡航飞行

■ 知识链接

　　米高扬设计局，原称米高扬–格列维奇设计局，是苏俄主要的飞机设计及制造商。由阿尔乔姆·米高扬和米哈伊尔·格列维奇建立于1939年12月8日。以生产米格（米格）战斗机而闻名，"米格"的名字正是取两位设计师阿·伊·米高扬和米·约·格列维奇姓氏的第一个字母。2006年，俄罗斯政府将米高扬、苏霍伊、伊柳辛、伊尔库特和图波列夫合并成立新的"联合航空制造公司"。

LAVOCHKIN LA-3
拉格-3战斗机（苏联）

■ 简要介绍

拉格-3战斗机是苏联在二战中生产和使用的一种单座单发活塞战斗机。由拉格-1派生而来，于1942年3月试飞成功。从1941年开始提前进入批量生产，直至1942年，共计生产6258架。到1942年冬季大反攻时，该机已成为苏联第一线主力机种。

■ 研制历程

拉格-3是由拉沃契金率领V.戈尔布诺夫和M.古德科夫所组成的小组由拉格-1发展而来的。到了原型机试飞的时候，空军忽然将对航程的要求从800千米提高到1000千米。为此，拉沃契金不得不修改了原先的设计，改进后的原型机也就成了拉格-3。拉格-3主要的问题是相对于笨重的木质机身来说发动机的功率明显不足，但苏联一时间又拿不出比克里莫夫M-105功率更大的液冷引擎。为此，设计人员在拉格-3的生产过程中不断试图减轻飞机的重量来改善性能，包括减少飞机上的武装。此外，在后期生产的机型上还安装了前缘襟翼以提高飞机的机动性能。

苏联飞机设计师在拉格-3的整个生产过程中一直对其进行改良，因此各个生产序列的飞机在细节上会有小小的不同。拉格-3的总产量为6258架，共分为66个生产批次。后期型号的操纵性能有了很大的改善，其中的第66系列一直使用到1945年。为了彻底解决马力不足的问题，拉沃契金等人实验性地为拉格-3装上了1820匹马力的M-82星型气冷引擎，而这一改型最终成功演化成了拉格-5战斗机。

◀ 拉格-3的武器有一门20毫米机炮和两挺12.7毫米机枪，火力堪称是1941年年初世界优秀的战机之一

基本参数

基本参数	
长度	8.81米
翼展	9.8米
高度	2.54米
空重	2205千克
动力系统	1台克里莫夫M-105PF活塞发动机
最大航速	575千米/小时
最大航程	1000千米

■ 作战性能

　　拉格–3前机身线条流畅，外形修长。三角形尾翼匀称地装在机身后端，后三点起落架可全部收放，飞机外观比较美观。因战时资材紧缺，全机采用木质构造，蒙皮也选用新型胶合层板，但外表照样加工得相当光滑。

　　拉格–3以结实可靠著称，但在发动机性能和机动性上都比不上德军装备的Bf109F/G和FW190A，这两种飞机都曾给拉格–3以沉重的打击。

▶ 和其他的苏联战斗机比较，拉格 -3 的主要优点在于机体结构坚固，早期型号的火力也较强。当被炮弹击中时，拉格 -3 并不像雅克式（采用钢管蒙布结构）那样容易起火，但木质结构使其在遭受损伤时更容易碎裂解体

▲ 拉格 -3 共 5 个油箱，3 个安置于机身中段，2 个安置在机翼的外段。总燃油量为 480 升

■ 知识链接

　　拉沃契金设计局本是莫斯科郊外的一家家具厂，1937年该厂被命名为301航空工厂。拉沃契金、戈尔布诺夫和古德科夫三人被任命为设计局的领导之后，在1939年，设计出了杰出的拉格–3。1944年装备部队的拉格–7堪称二战中最好的歼击机之一。在二战期间，工厂先后向前线提供了22000架拉型战机，即当时苏联空军每3架歼击机中就有一架出自拉沃契金设计局。

LAVOCHKIN LA-9

拉格-9战斗机（苏联）

■ 简要介绍

　　拉格-9属于20世纪40年代末期性能较先进的活塞式歼击机，由于当时喷气歼击机已开始装备部队，所以拉格-9仅生产了1559架，于1953年停产。

■ 研制历程

　　二战快要结束时，苏联空军装备的拉格-7战斗机已经达到活塞式飞机的巅峰水平，但苏联拉沃契金设计局认为该机还有潜力可挖。于是该局于1944年年中开始了最后一代单座活塞式歼击机拉格-9的研制工作。原型机组装工作被安排在高尔基（现为下诺夫格罗德市）的第21工厂进行，没有安装任何武装的拉格-9的原型机（设计局内代号为拉格-130）于1946年6月16日首飞，1946年11月投入批生产，1947年开始装备于部队。

基本参数	
长度	8.62米
翼展	9.8米
高度	2.54米
空重	2600千克
动力系统	ASh-82FN发动机
最大航速	690千米 / 小时
最大航程	1735千米

▲ 拉格 -9 战斗机

▲ 拉格 -9 战斗机

■ 作战性能

　　拉格-9战斗机基本保持了拉格-7的气动布局和外形特点，主要改进是采用全金属结构、层流翼型，武器装备为机头安装的4门23毫米机炮，但是很多时候左侧机炮会被拆除，不过机炮整流罩依旧保留；部分早期型号没有使用23毫米机炮，而用20毫米机炮代替。

▶ 1944年，拉格-9战斗机投入使用，它是拉式系列第一种全金属战斗机，装有4门机炮，火力更强，综合性能超群

■ 知识链接

　　拉格-9战斗机配置了四门机炮，攻击火力强；增加了油箱容积，使其有效航程在有了大幅提升；另外，拉格-9安装了无线电罗盘等内部设备，战场态势感知能力更为强大，具有良好的综合性能优势。

YAKOVLEV YAK-1
雅克-1战斗机（苏联）

■ 简要介绍

雅克-1战斗机是苏联在临近战争爆发时投产的一系列战斗机中最成功的一种。它是低单翼单发单座螺旋桨战斗机，使用后三点收放式起落架和三叶螺旋桨，和其改良型不同的地方是使用流线型而非气泡座舱。苏德战争爆发后，一度成为苏联空军的中流砥柱，不只是比过时的伊-15和伊-16有较佳的战果，就算是与同期的拉格-3和米格-3相比仍有明显优势。能将其比下去的是德国的Bf-109F-4战斗机。

■ 研制历程

1939年，苏联在参考了西班牙内战和抗日战争的经验后，发觉到需要有优于以前伊-16的新型战斗机。结果由新出道的设计师亚力山大·雅克夫列夫的设计中标。1940年1月，由伊-26发展来的首架原型机完成，4月27日决定以雅克-1的编号开始大批生产。但受到德国空军空袭破坏了众多飞机厂后，向后方撤退的新厂只能以较差的材料生产飞机，故雅克-1在1942年停产，共生产了8700架，后改为生产其后继型雅克-3和雅克-9战斗机。

◀ 雅克-1的操纵性不错，对飞行员技术水平要求不高，大多数飞行员在经过30小时～50小时的初级飞行训练后即可直接驾驶雅克-1。中低空性能好，也弥补了飞行员战斗经验不足的问题

▲ 雅克-1一直服役到二战结束

基本参数	
长度	8.48米
翼展	10米
高度	2.64米
空重	2347千克
动力系统	M-105R液冷V型发动机
最大航速	600千米/小时
实用升限	10000米
最大航程	850千米

■ 作战性能

雅克-1的武器装备有位于螺旋桨中心的20毫米机炮和机鼻的2挺7.62毫米机枪；直到1942年，雅克-1还装备6枚RS-82火箭弹和在翼下悬挂2枚100千克炸弹。从1942年8月后投产的雅克-1B为了增加飞行员的后视野，取消了座舱后的背脊，座舱成为"水滴型"；座舱改增加应急抛投装置，以利于飞行员在紧急情况下逃生。

■ 实战表现

从1941年5月开始，第11歼击机团接收了62架雅克-1，且最后成为新机型的训练飞行中心。战争爆发前，第20、45、123、158和91歼击机团都在第11歼击机团的基地换装了雅克-1。大多数雅克-1都集中部署于莫斯科周围地区，在战前有105架部署于西部军区。但是在基辅特别军区的萨姆波拉，只有第20歼击机团的36名飞行员基本掌握了雅克-1的飞行性能。

◀ 1942 年 秋 天，雅克-1成为苏联空军装备量最大的战斗机，不少苏联飞行英雄的战斗机都是雅克-1

■ 知识链接

雅克夫列夫实验设计局股份有限公司是俄罗斯伊尔库特集团旗下子公司，为俄国主要军用航空器设计商之一。其前身为设计师亚历山大·谢尔盖耶维奇·雅克夫列夫于1934年创建的苏联"115号实验设计局"（OKB-115），或称"雅克夫列夫设计局"。二战时期，雅克夫列夫设计局设计和制造了一系列著名的战斗机，以"雅克战斗机"闻名于世。

YAKOVLEV YAK-3
雅克-3战斗机（苏联／俄罗斯）

■ 简要介绍

雅克-3战斗机是苏联一型单座单发平直翼活塞式亚声速战斗机，是二战期间雅克夫列夫设计局设计的最出色的活塞式战斗机。也被认为是大战期间苏联空军机动性能最好的战斗机，还是被改造成苏联第一种量产的喷射战斗机雅克-15的母体。有近300架雅克-3被改造成雅克-15喷气式战斗机，是第四种被实用化的喷气式战斗机，成为苏联进入喷气时代的里程碑。

■ 研制历程

在苏德战争初期，东线的天空完全被德国的Bf-109E/F把持，苏联的老式战斗机伊-15、伊-16完全不是其对手，只有雅克-1、米格-3等少数飞机可以勉强与德国对手相抗衡，但随着德国人推出了更新型的Bf-109G以及Fw-190以后，苏联飞机的劣势更加明显，前线空军急需新式战斗机与德国战机相抗衡，重新夺回制空权，在这种情况下，雅克夫列夫设计局决定设计一款能够在性能上压倒德国战机的新战机，于是雅克-3应运而出。

雅克-3以雅克-1M为基础进行改进，原型机在1943年2月中期完成，1943年春天进入试飞阶段，在成功地进行首次飞行以后，雅克-1M进入了工厂测试阶段。在1943年6月进行的试飞中，飞机就已经显示出非凡的性能。1944年大批量装备于部队，该机总共生产了4848架。

◀ 雅克-3是二战期间最小最轻的主力战斗机之一，高推重比使其具有出色的性能

基本参数	
长度	8.5米
翼展	9.2米
高度	2.4米
空重	2150千克
动力系统	M105-CP-2型水冷发动机
最大航速	655千米／小时
最大航程	900千米

■ 作战性能

雅克–3战斗机采用全金属结构和后三点收放式起落架,下单翼单座液冷式螺旋桨战斗机,在翼根处有两个较小的吸气口。外观较粗短并使用了气泡式座舱。装备1门20毫米机炮和2挺12.7毫米机枪。正因为雅克–3的作战性能出色,一度提出进一步发展的要求,但因为其用途过窄,所以苏联当局反而把原定给它的新发动机M–107转给了改良主力的雅克–9。

▲ 雅克 -3 战斗机

▲ 目前在全球还有一些雅克 -3 适航,在 1991—2002 年,使用原图纸制造了 21 架新的雅克 -3,分别为雅克 -3M 和雅克 -3U,使用普拉特·惠特尼 R-1830 双黄蜂发动机的雅克 -3U 还创造了 3000 千克以下活塞发动机飞机的官方速度纪录,在 3 千米的航线上平均速度达到了 655 千米 / 小时

■ 知识链接

1944年7月14日,一队刚编成的苏联空军中队共18架雅克–3,迎战30架德军的Bf–109,一共击落15(一说24)架敌机而本队无一损失。使当时德国流传着"避免在5000米以下和机首无油冷器的雅克战机交战"的劝谕,而新的机种主要擅长于高空拦截英美的重轰炸机,直到弄清了雅克–3特性才敢正面交手。

YAKOVLEV YAK-9

雅克-9战斗机（苏联）

■ 简要介绍

雅克-9战斗机是雅克-7采用全金属机翼的改型，有长距离型、对地攻击型、教练型等型号。是苏联在二战时的主力战斗机型之一。战后雅克-9大量援助到其他社会主义国家，甚至是当时在东线的自由法国空军也使用雅克-9并带回国内继续使用。

■ 研制历程

雅克-9战斗机于1942年开始研制，初期生产型采用了与雅克-7B相同的主翼。然而，从美国运来的越来越多的航空用金属意味着雅克夫列夫设计局可以考虑在飞机生产上使用更多的金属件。雅克的工程师们就为雅克-9设计了一副全金属主翼。雅克-9的这一改型在1942年年底1943年年初进入大批量生产。

雅克-9的设计极为成功，各种改型不断产生。有远程型雅克-9D以及航程更远的型号雅克-9DD、反坦克型雅克-9T-37、夜间战斗机型雅克-9MPVO等，先后生产了16769架，成为庞大的战斗机群。

◀ 雅克-9的设计极为成功，成为苏联在二次大战时最为庞大的战斗机群

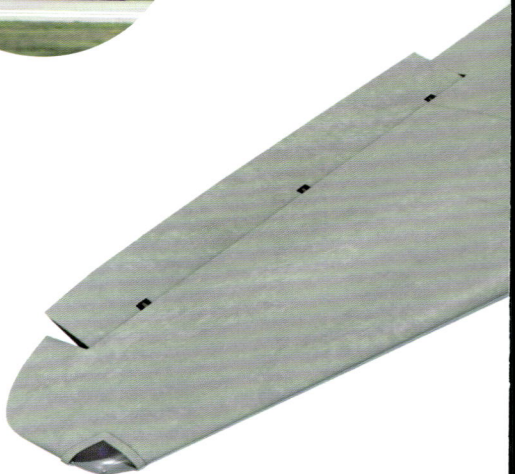

基本参数

长度	8.6米
翼展	9.7米
高度	3米
空重	2350千克
动力系统	M-105-RD发动机
最大航速	591千米/小时
实用升限	10650米
最大航程	1360千米

■ 作战性能

雅克-9战斗机(以基本型为例)采用单人座舱,下单翼布局,后三点式起落架。针对当时苏联航空工业迁至林木资源丰富的西伯利亚地区的特点,飞机机翼全部用木材制成,机身以钢管焊接结构,以帆布蒙皮,很少使用铝合金件。由于苏联增压器技术不足,因此雅克-9设计目标主要为在中低空对抗德军主力战斗机(主要为Bf-109G和Fw-190A),除了应付空优任务外,雅克夫列夫设计局也持续改良此机足以进行空优以外的对地支援任务。其在战斗中的性能表现优异,造就了许多英雄飞行员。

■ 实战表现

1945年3月22日,苏联空军第8125b队前往苏德战线前沿,飞行员希夫科驾驶着1架雅克-9战斗机在前线巡视的时候,远远就发现1架德军先进的Me262喷气式战斗机冲了过来,于是拉起机头,随后采用俯冲的方式,将这架Me262战斗机击毁。这是苏联空军第一次击落先进的喷气式战斗机。

◀ 雅克-9 战斗机

■ 知识链接

雅克-9战斗机,是雅克系列的巅峰型号,同时也是雅克系列的最后一代机型。雅克系列是为了对抗德军的中低空战斗机而研制出来的。苏联的高空战斗机性能明显不够出色,既然高空战斗机搞不好,那就干脆做成重量轻、机动性好的低空战斗机。雅克-9代表了二战期间苏联低空战斗机在战场上的最高水准。

YAKOVLEV YAK-28
雅克-28战斗机（苏联）

■ 简要介绍

雅克-28是苏联雅克夫列夫设计局设计的第一种超声速飞机，该机以其难得的多才多艺而在世界航空史上被广为称道。这种最初作为轰炸机而研制的后掠翼双发飞机，后来又发展出了侦察机、电子战飞机、教练机和拦截机等多种型号，甚至还在给列宁格勒传递报纸模板的任务中充当过一段时间的运输机。苏联解体前服役的300多架截击型雅克-28仍是苏联国土防空军的一支重要力量，用于执行远程截击任务。

▲ 苏联将雅克-28划入到战术轰炸机一类。其实它是个多面手，侦察、电子战、拦截敌方飞机和充当教练机等，样样都在行

■ 研制历程

雅克-28的原型机于1958年3月5日完成首飞，该飞机完全是按照战术轰炸机的标准制造的。第一个服役的型号为雅克-28B，随后的型号是雅克-28I/L以及1961年出现的雅克-28P全天候截击机。1963年，雅克列夫设计局还推出了专用于照相的侦察机雅克-28R，并在其基础上发展出了雅克-28PP电子战飞机。到1967年停产前共制造了437架。雅克-28P是雅克局最后一款在苏联空军服役的飞机，1958年3月首飞，1961年量产，到1967年停产前共制造了437架，原型机代号雅克-129。最后一架28P于20世纪80年代中期退役。

▲ 如果气候条件良好，雅克-28轰炸机可以携带重量为1.2千克的战术核武器

基本参数	
长度	21.6米
翼展	12.5米
高度	3.95米
动力系统	图曼斯基P-11涡轮喷气发动机
最大航速	1225千米/小时
实用升限	16765米
最大航程	2500千米

■ 作战性能

雅克-28是翼座轻轰型和截击型同时发展的军用机，在整体布局上与雅克-25/27系列基本相同。雅克-28B在机鼻处装有RBR-3雷达轰炸机系统。雅克-28P专为中低空作战设计，其用尖锐的雷达罩内安装有"鹰"D型雷达取代了原来的玻璃化机鼻，随后在服役期间得到多次改进。1967年停产时，后续生产的雅克-28P雷达罩已经明显地加长，总体性能也有所提升。

▲ 雅克-28轰炸机的突防能力并不是很强。它的速度很慢，只有在高空飞行时才能超过1马赫，因此通常被划归到亚声速轰炸机一类

▲ 雅克-28轰炸机的正面特写，在两侧机翼的下方各配备有一台图曼斯基P-11发动机，单台最大推力为62千牛，最大航程为2500千米

■ 知识链接

超声速飞机是指飞机速度能超过声速的飞机。1947年10月14日，美国空军上尉查尔斯·耶格驾驶X-1在12800米的高空飞行速度达到1278千米/小时，人类首次突破了音障。超声速飞机按照功能分为超声速战斗机、超声速轰炸机、超声速运输机、超声速客机、超声速侦察机、超声速教练机。

YAKOVLEV YAK-38

雅克-38战斗机（苏联）

■ 简要介绍

雅克-38（又称雅克-36M或雅克-36）是苏联研制的世界第一种服役的垂直/短距起降战斗机。主要用于对地面和海面目标实施低空攻击，并具有一定的舰队防空能力。该机是专门为在基辅级航空母舰上使用而设计的。采用升力发动机与旋转喷口发动机结合的组合方案，升力发动机除用于垂直升降外，也可用于调节俯仰运动和配平。雅克-38A为单座型战斗机，雅克-38B为双座教练型。

■ 研制历程

雅克-38是雅克夫列夫设计局于20世纪60年代末开始研制的舰载垂直起落战斗机。原型机于1971年开始试飞，1975年开始批量生产。雅克-38M是雅克-38的改进型，于1985年6月开始进入苏联海军服役，一共生产了约50架。

雅克-38在1973年到1983年间共生产了143架，随后生产线转为生产雅克-38M，不过仅生产了50架之后也被画上了休止符。这些雅克系列全部服役于苏联海军，空军一架也未曾购买，也没有出口。此后，雅克-38则平分给了以摩尔曼斯克为基地的北方舰队和以海参崴为基地的太平洋舰队，此外还有少数配备给了克里米亚半岛的萨基海军航空训练中心。

▲ 雅克-38与其改进型号一共生产了约50架

▶ 雅克-38的故障很多，可靠性不佳，导致在服役一段时间后，改行到陆地上使用。行动时的雅克-38在垂直升降时会扬起大量沙尘，效果还不如武装直升机来得好，于是在1991年封存退役

基本参数	
长度	（A型）15.50米 （B型）17.68米
翼展	7.32米
高度	4.37米
空重	6800千克
动力系统	图曼斯基R-27V-300涡轮喷气发动机
最大航速	958千米/小时
实用升限	12000米
最大航程	1360千米

作战性能

雅克-38每侧机翼固定段下面有2个挂架。共可挂2000千克外挂物，包括机炮吊舱，内装23毫米双管GSH-23机炮、火箭发射架、500千克炸弹、"黑牛"短距空地导弹、破甲反舰导弹、"蚜虫"空空导弹或副油箱。所挂载的武器为1000千克的炸弹或火箭弹，也可以挂载2枚AS-7型空地导弹或者1枚RN-228型战术核弹。而固定武器为主翼中部的2门225P型23毫米机炮，同时翼下还能挂载2个UPK-23-250机炮吊舱。它是为了与基辅级航空母舰配套而匆匆投入使用的。

作为作战飞机，雅克-38并不成功，只有2000千克的载弹量、100千米的作战半径和有限的机载电子设备。在实战中，很难作为同时代的F-14、F-18的对手，充其量也就是拦截一下诸如S-3"北欧海盗"和A-6"入侵者"乃至P-3之类的低速飞机，或者攻击一些小型舰艇。

▶ 雅克-38除了可对地面和海面目标实施低空攻击外，还具备一定的舰队防空能力

▲ 雅克-38的诞生和苏联的基辅级航空母舰有着密不可分的关系，战机的机身和折叠机翼的尺寸与"基辅"号的升降机相适应，完全是按照战术配置而研制的

■ 知识链接

1976年8月11日，雅克-38正式服役。为了这一天，苏联的设计者和飞行员都付出了很大的代价，多架飞机在实验和训练中损毁。在雅克-38长达15年的服役期里，一共坠毁了36架，不过并没有人员死亡。其中弹射坐椅工作33次，全部弹射成功。

YAKOVLEV YAK-141
雅克-141战斗机（苏联/俄罗斯）

■ 简要介绍

雅克-141战斗机是苏联/俄罗斯一型单座单发超声速垂直起降战斗机，也是世界上第一种超声速垂直起降战斗机。雅克-141战斗机是为苏联1143型航空母舰置备的新舰载战斗机，设计的指导思想是舰载截击机和对海（地）攻击机，同时使其能成为一种岸基防空机，曾打破垂直起降战斗机的多项世界纪录。

■ 研制历程

雅克-38由于过少的载弹量和作战半径，以及在高温高湿环境下的可靠性问题，导致事故率居高不下，20世纪80年代中期它就转为陆上使用，1991年该机退役封存。为了替代雅克-38，同时也为了给新型的1143.5型航空母舰搭载舰载机，雅克夫列夫设计局研制了新型的雅克-141战斗机。

1975年，雅克-141开始正式设计，由于财力的限制和研制发动机计划的拖延，1987年第一架原型机才开始试飞。由于1991年一架雅克-141原型机试飞时意外坠毁，再加之苏联解体，导致计划很快又被取消。后来雅克夫列夫设计局继续研制其陆基和舰基改进型，并建造了4架原型机。有2架一直试飞到1995年，另2架则进行发动机和结构试验，并未进行量产。

▲ 美国 F-35B 战斗机的垂直起降技术源自苏联时期的雅克-141 舰载战斗机

基本参数	
长度	18.36米
翼展	10.1米
高度	5.00米
空重	11650千克
动力系统	R-79V-300加力发动机
最大航速	2083千米／小时
实用升限	15500米
最大航程	2100千米

■ 作战性能

雅克-141战斗机和雅克-38一样，配备多模雷达，但是安装在机身前端雷达天线屏蔽器里的雷达天线要小一些。雅克-141广泛使用了大量的复合材料，碳纤材料占飞机总重量的28%，其他材料主要是铝-锂合金，还安装了先进的飞行控制计算机，与雅克-38相比，飞行总重量提高了近一半，载弹量和航油量增加了一倍多。为了能在印度洋、太平洋和地中海全年使用，雅克-141是以国际标准大气加15℃的大气条件为标准设计的。

雅克-141战斗机机翼下有4个挂架，载弹量2600千克，可挂载R-27中距空空导弹（AA-10）和R-73空空导弹（AA-11）、R-60系近距空空导弹（AA-8），并安装有一门30毫米机炮。雅克-141打破了垂直起降战斗机的多项世界纪录。该机缺乏实用垂直/短距起落战斗机所需要的操纵灵活性，仅与鹞式战斗机相当。

▶ 雅克-141 的驾驶舱

▲ 雅克-141 的几种飞行状态。

■ 知识链接

海湾战争之后，雅克夫列夫设计局看到隐身对新一代作战飞机的影响，将雅克-141按隐身要求修形成雅克-143，后来还进一步改进成雅克-201，最后由于资金问题还是无果而终。然而，洛克希德·马丁公司看中了雅克-141的设计经验，在设计X/F-35期间曾经向雅克夫列夫设计局购买雅克-141动力系统构形的设计资料作为参考。

SUKHOI SU–27

苏-27战斗机（苏联／俄罗斯）

■ 简要介绍

苏-27战斗机是苏联生产的单座双发全天候空中优势重型战斗机，属于第三代战斗机。主要任务是国土防空、护航、海上巡逻等。1990年8月23日，苏联国防部长批准将苏-27作为苏联空军和国土防空军的标准战斗机。苏-27是一款机动性和作战半径都优越的战机，苏-27系列战斗机已经成为俄罗斯军机中最成功的机型，一方面是用来保持俄罗斯空中力量的重要基础之一；另一方面，出口到众多国家，可获得巨大经济利益。

■ 研制历程

为了对付美国的F-15，1971年，苏联国防下达未来先进战斗机（PFI）研制计划。最终，苏霍伊设计局胜出，它研制的苏-27战斗机开发始于20世纪70年代，首架苏-27原型机T-10-1于1977年年初出厂，当年5月20日进行首飞。1982年6月2日，试飞员伊沙科夫驾驶着苏-27的正式生产型T-10-17完成了试飞。1985年，第一批苏-27战斗机开始在苏联空军中服役。年底，大批苏-27交付给空军和防空军。

基本参数	
长度	21.93米
翼展	14.7米
高度	5.93米
空重	17450千克
动力系统	2台AL-31F涡轮风扇发动机
最大航速	2500千米／小时
实用升限	18000米
最大航程	3790千米

■ 作战性能

苏-27战斗机配备固定武器为1门30毫米GSh-30-1机炮，挂架下可挂载AA-8、AA-9、AA-10、AA-11等空空导弹，各型空地导弹，各种炸弹以及火箭发射巢。苏-27属于重型战斗机最大起飞重量达30吨，最大载弹量为6吨，能够携带10枚导弹进行空战，其机动性能比米格-29强得多。

◀ 维克多尔·普加乔夫

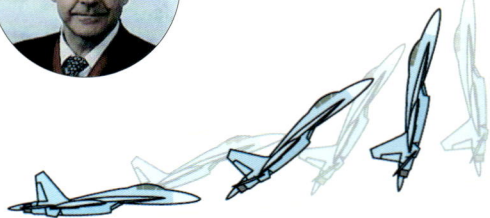

▲ 1989年6月在巴黎航展上，苏联著名试飞员维克多尔·普加乔夫第一次在全世界面前表演了眼镜蛇机动，震惊全场，因此这一机动动作又被称为"普加乔夫眼镜蛇"机动

■ 实战表现

1987年9月13日，波罗的海巴伦支海上空，挪威空军第333飞行中队的扬·塞尔维森机组驾驶的P-3B型反潜巡逻机，正在苏联沿岸执行侦察任务。10时39分，该机与苏-27遭遇。苏-27在第3次逼近P-3B后，猛然加力，从其右翼下方高速掠过，它的垂尾尖端撞上了P-3B右侧外侧引擎的螺旋桨叶片，损坏的桨叶中一条11厘米的碎片在强大的惯性下被甩出去击穿了P-3B机身，碎片像手术刀那样将P-3B右翼外侧的发动机割开一个大口子，导致P-3B机舱内失压，P-3B的飞行高度在一分钟内掉了3000多米，在坠海前的最后一刻才侥幸改平，勉强返航。这是冷战时期著名的"巴伦支海上空手术刀"事件，被作为著名的苏军空中撞击战例载入史册。

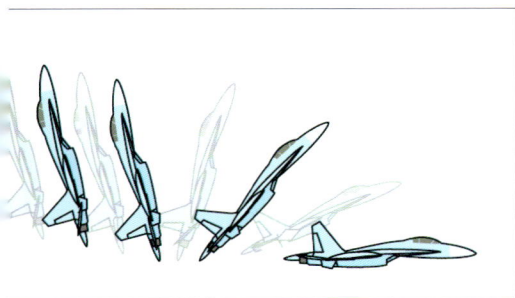

▲ 普加乔夫能够完成这一动作，一是因为他有高超的飞行技术，二是得益于苏-27战机的优良气动布局

■ 知识链接

眼镜蛇机动是著名的过失速机动动作，在机动过程中，飞行员快速向后拉杆使机头上仰至110°~120°，形成短暂的机尾在前、机头在后的平飞状态，就像一只高高扬起头的眼镜蛇。然后推杆压机头，再恢复到原来水平状态。眼镜蛇机动是由苏联著名试飞员维克多尔·普加乔夫在苏-27战斗机上首先试飞成功的，因此这一机动动作又被称为"普加乔夫眼镜蛇"机动。

SUKHOI SU-30
苏-30战斗机（苏联/俄罗斯）

■ 简要介绍

　　苏-30战斗机是苏联/俄罗斯研制的一型双座双发多用途战斗机，在世代上属于第三代战斗机的改进型，即三代半战斗机。苏-30战斗机是在苏-27基础上改进而成的战斗轰炸机，作用类似于F-15E，突出了对空地双重用途的能力，具有超低空持续飞行能力、良好的机动性和一定的隐身性能，在缺乏地面指挥系统信息时仍可独立完成歼击与攻击任务，包括在敌领域纵深执行战斗任务。早期的苏-30是完全为空中防御和进攻而研制的飞机，也是真正的"没有一点重量用于对地攻击"的型号。

■ 研制历程

　　20世纪80年代初，苏联部长会议军事工业委员会正式决定在苏-27PU的基础上发展一种新型截击战斗机。1988年夏，苏霍伊航空公司设计的代号为"蓝色05"的首架苏-30原型机开始进行装配工作，并于1989年12月31日进行了首飞。出口型命名为苏-30K，增强对地作战功能。其中出口印度的型号为苏-30MKI。

▲ 苏-30战斗机具有超低空持续飞行突防能力和极强的防护能力

基本参数	
长度	21.9米
翼展	14.7米
高度	6.4米
空重	17700千克
动力系统	2台AL-31F加力涡扇发动机
最大航速	2125千米/小时
实用升限	17300米
最大航程	3000千米（无空中加油） 5200千米（一次空中加油） 8000千米（二次空中加油）

■ 作战性能

苏-30战斗机能长时间进行空中巡逻飞行，可不用空中加油飞行10小时。该型既保留了独自参加空战的能力，又具备空中编队指挥机的能力，能在编队中指挥其他飞机作战。飞行员座舱中配备了单人卫生间，以方便长时间飞行所需。

苏-30上安装了先进的H001"宝剑"雷达，以便能与新型的P-BB-AE中距空空导弹配套使用。该雷达可同时制导两枚导弹攻击不同的空中目标，并且具有攻击地面目标的能力。

苏-30如果安装了战术情况显示器和执行其他任务的专用设备，可从单纯的战斗机变成能在编队中指挥和引导其他苏-30作战的指挥飞机。

▶ 苏-30装配的是2台留里卡-土星公司著名的AL-31F加力涡扇发动机，拥有强大的机动能力

▲ 苏-30战斗机有多种型号雷达可以选配，都可同时追踪15个空中目标，并攻击其中4个。机头上方还装有新型光电瞄准系统，有很强的空中感知能力

■ 知识链接

苏联解体后经历了很长一段时间的经济衰退，一直到今天俄罗斯在国际市场上主要的出口产品依然是能源和军事装备。经过多年的努力，俄罗斯已经成为世界军火出口业的大户，仅次于美国。其中主要是苏霍伊公司的战斗机出口。

SUKHOI SU–33

苏-33战斗机（苏联/俄罗斯）

■ 简要介绍

苏-33战斗机是苏联/俄罗斯海军一型单座双发舰载战斗机，世代划分上属于第四代战斗机改进型，即第四代半战斗机。苏-33战斗机在苏-27的基础上研制，继承了苏-27家族优异的气动布局，实现了机翼折叠，新设计了增升装置、起落装置和着舰钩等系统，使飞机在保持优良的作战使用性能条件下，实现了着舰要求的飞行特性。现为俄罗斯海军"库兹涅佐夫"号航空母舰上的主力型号，亦为现役世界上最大的舰载战斗机。

► 苏-33座舱内部的飞行仪表仍然是常规仪表，在飞行控制系统和飞行性能方面，苏-33采用了四余度数字式电传操纵系统代替苏-27上采用的模拟式系统。数字式电传操纵系统和前翼的使用使苏-33的敏捷性有所提高，飞机操纵更加轻巧灵活，空战能力较苏-27大为提高

■ 研制历程

20世纪70年代，面对美国航空母舰战斗群咄咄逼人的进攻态势，苏联海军在国家与美国争夺全球霸权的需求下，要求航母还能同时搭载当时正在研制的最先进固定翼战斗机。

苏霍伊设计局在1973年提出了在研制中的苏-27（T-10）的基础上设计更为先进的舰载飞机的计划。1982年8月，T-10-3原型机进行地面滑跃甲板起飞和拦阻着陆的试验成功。

1989年11月1日，苏-27K首次在航空母舰上着舰，随后共青城飞机制造厂开始根据要求批量生产苏-27K。由于1991年12月25日苏联解体，苏-27K最终仅生产了24架。

俄罗斯之后将苏-27K命名为苏-33，1993年开始交付的首批苏-33舰载战斗机，组建了俄罗斯海军第一支先进舰载机作战部队，使俄罗斯海军首次具有了可以和美国海军舰载机在质量和战斗力上相抗衡的海上空中作战力量。

基本参数	
长度	21.19米
翼展	14.7米
高度	5.93米
空重	18400千克
动力系统	2台AL-31F加力涡扇发动机
最大航速	2300千米/小时
实用升限	17000米
最大航程	3000千米

■ 作战性能

　　苏–33的雷达和主要电子系统与苏–27基本相同,雷达采用了苏–27的N001雷达的改进型,与苏–27S使用的雷达相比,提高了雷达对水面目标的探测能力。在对空作战中可以使用中距离空空导弹进行拦截作战或者使用短距离导弹进行空中格斗,在对海上目标作战时可以控制Kh–41导弹对驱逐舰以上规格的水面目标进行攻击。

▲ 苏 -33 战斗机

▲ 苏 -33 在执行舰队防空作战任务时主要依靠导弹武器系统进行空中作战,在空空导弹方面,苏 -33 可以使用 R-27 中距离空空导弹和 R-73 近距离格斗空空导弹,在对海攻击武器方面,苏 -33 可以使用新型的 Kh-41 大型超声速反舰导弹

■ 知识链接

　　2016年11月15日,据俄罗斯卫星网报道,俄罗斯国防部长谢尔盖绍伊古表示,在叙作战行动启用搭载苏–33战机的"库兹涅佐夫"号航空母舰,以打击恐怖分子,这在俄罗斯海军史上尚属首次。同年12月3日,据俄国防部透露,俄海军一架苏–33舰载战机在着舰时,因阻拦索突发故障,战机意外坠入海中,飞行员成功逃生。

SUKHOI SU-35

苏-35战斗机（俄罗斯）

■ 简要介绍

苏-35战斗机是俄罗斯研制的深度改进型单座双发、超机动性多用途战斗机，在世代上属于第四代战斗机，改进型号为第四代半战斗机。苏-35装备了强大的"雪豹E"相控阵雷达，以及矢量推力发动机，在探测能力和机动性能上已接近F-22的水准，面对除F-22之外的其他西方战机已拥有较大的优势。

■ 研制历程

20世纪80年代初期，苏-27S刚刚问世，苏霍伊设计局就开始了大改苏-27的构想，要将苏-27改为先进的多用途战斗机。1983年，苏-27M的目标设定出炉：必须超越F-15及F-16的改良型，且必须为多用途、全天候、能打击低空飞行物如巡航导弹等。

1983年12月29日，苏联军方批准苏-27M计划。1985年在苏霍设计局总设计师米哈伊尔·西蒙诺夫的监督下，由米哈伊尔·波戈领导的设计团队展开对苏-27M的概念设计。

第一架全新生产的苏-27M原型机是T-10M-3，于1992年4月1日首飞。它的规格基本上与量产型相同。同年9月，搭载热影像红外线及激光标定荚舱参加法茵堡航展，同时更名为苏-35。2008年2月18日，俄罗斯第一架生产型苏-35BM原型机成功完成试飞。2017年12月，俄罗斯空军已经接收大约68架苏-35战斗机。

▲ 苏-35驾驶舱内配备了2台381毫米的MFI-35多功能显示器

基本参数

长度	21.9米
翼展	15.3米
高度	5.9米
空重	18400千克
动力系统	2台AL-41F1S加力发动机
最大航速	2756千米/小时
实用升限	18000米
最大航程	3600千米

■ 作战性能

　　苏-35两翼各加1个外挂点，共有12个外挂点，采用多用途挂架可有14个外挂点。武器搭载量提升为8000千克，正常空战筹载则为1400千克。机翼外侧可挂短程的R-73空空导弹或电战荚舱。理论上苏-35能发射所有俄制精确制导武器，如Kh-29反舰导弹、KH-59巡航导弹、KH-31反辐射导弹与KAB-500、KAB-1500系列制导炸弹等。苏-35的性能是非常优异的，不过从整体性能来看，它与F-22有一定差距，主要缺陷在于隐身能力不足。

▶ 苏-35战斗机的AL-41F1S发动机的推力矢量喷口

▶ 这架苏-35的2台AL-41F1S发动机正处于全加力状态。苏-35推力矢量的敏捷性简直超凡脱俗

■ 知识链接

　　留里卡-土星联合体生产的117S发动机（AL-41F1S）。从公开的资料看，117S由AL-31FM深度改进而来，并引用了原苏联时期研发的AL-41F部分技术，采用了推力矢量喷嘴，更换了大量新材料，重量和大小却与AL-31F一样，使用寿命达4000小时，大修间隔1000小时，最大推力达14.5吨，不开加力推力8.8吨。现已装备在苏-35战机上，并作为T50现阶段的主要动力。

SUKHOI SU-37

苏-37战斗机（俄罗斯）

■ 简要介绍

苏-37战斗机是俄罗斯空军隶下的一型单座双发多功能全天候超声速喷气式战斗机。是一种具有矢量推进器的超机动战斗机，是俄罗斯空军研制一系列第三代战斗机和第四代战斗机计划实施过程中的重要机型。其所完成的"尾冲""钟"等机动动作都属首创，空前的机动性震惊了全球空军界，成为公众心目中先进飞机中的"明星"，但它只是验证型，并没有量产。

◀ 苏-37是改良版的苏-35，特点是加装了前鸭翼，并采用2台留里卡AL-37FU加力涡风扇发动机

■ 研制历程

苏-37战斗机由俄罗斯苏霍伊设计局研制，是在一架实战用的苏-27战斗机基础上改装而来。1996年，苏-37战斗机推出，装有2台AL-37FU发动机，不仅推重比大，而且采用了最先进的推力矢量技术，成功地解决了尾喷口密封问题，接近实用标准，在总体性能上达到了一个新的水平，使战斗机的机动性有了本质的变化，总体能力被苏霍伊飞机设计局的总设计师称为"超机动性"。

1998年4月2日，苏-37经过长期的研究，唯一的一架原型机完成了首次试飞，后几个月中，大约又进行了50次的飞行试验。1998年9月2日，苏-37在英国范罗堡国际航展上首次亮相，向全世界的航空界人士作了令人叹为观止的表演。

基本参数	
长度	21.94米
翼展	12.8米
高度	5.74米
空重	17000千克
动力系统	2台AL-37FU加力涡扇发动机
最大航速	2450千米/小时
实用升限	17000米
最大航程	3300千米

■ 作战性能

苏–37的发动机不仅比以前的苏–27系列有更强的常规推力，而且矢量推进器和飞行控制系统完美结合，不需要驾驶员操控，一个紧急系统可以使喷管在失控的情况下恢复过来，作为第一架装备了矢量推进器的航空器能与F–22一较高下。苏–37装备了新型的更强大的相控阵雷达和后视雷达及后射导弹系统，使驾驶员能向在后方的目标开火。采用了集成远程电子控制系统以及现代化的数字武器控制系统，可以携带14枚空空导弹或8000千克的武器，多功能前视相控阵雷达可以同时跟踪15个目标。

▲ 装配于苏 -37 上的 AL-37FU 涡轮风扇发动机，是由 AL-31FM 深度改进而来，加装了矢量喷管，属矢量推力发动机，最大推力为137.2 千牛

■ 知识链接

苏–37一开始就瞄准了出口市场，从在只有三台发动机和一架试验机的情况下，就匆匆参加国际航展等情况来看，苏霍伊设计局的出口意图十分明显。苏霍伊设计局的一个主要目标就是要成为世界上三个最主要的战斗机出口公司之一，而苏–37就是他们实现这一目标的重要筹码。但最终没有量产，不了了之。

SUKHOI SU–47
苏-47战斗机（俄罗斯）

■ 简要介绍

苏-47战斗机是俄罗斯空军多功能超声速战斗机。其最大特点在于前掠翼的设计，与美国格鲁门公司的X-29试验机很相似，是俄罗斯新一代战斗机的技术验证型号，并未被俄罗斯军方采用，也没有实现量产。

■ 研制历程

在二战中，苏联俘获了德国的前掠翼轰炸机Ju-287的大量资料及有关专家，对前掠翼技术取得了一定的认识。进入20世纪80年代，苏联中央航空流体动力研究院的一些专家，又采用最新的科技成果，对前掠翼技术进行了系统的研究，并取得了突破。研发的复合材料使前掠翼布局成为可能，从而为80年代末着手研制的苏-47采用前掠翼技术打下了基础。

苏霍伊飞机设计局总设计师西莫诺夫决定苏-47的两个研制方案均采用前掠翼，这主要是与其他形状机翼相比，前掠翼具有许多突出的优点。在设计与试飞阶段曾经给予S-32和S-37的编号。

1997年9月25日首飞，2001年5月，苏-47开始第三阶段的飞行试验，为研制俄罗斯的下一代战斗机积累经验。2002年编号改为苏-47。2010年，T-50的公开亮相，证明苏-47已经在综合性能上无法满足俄罗斯空军的性能需要。最终苏-47停止研发，并未被俄罗斯军方采用。

▲ 名噪一时的苏 -47 战斗机

基本参数	
长度	22.2米
翼展	15.2米
高度	6.3米
空重	14400千克
动力系统	2台AL-37FU加力涡扇发动机
最大航速	2500千米 / 小时
实用升限	18000米
最大航程	3300千米

■ 作战性能

苏-47具有良好的低空低速机动能力和超机动能力,由于机上将装自动化程度很高的操纵系统和火控系统,故飞机可完成0速的机动动作,也可在保持航迹不变的情况下,完成0半径的转弯(定点转弯)和完成0半径的筋斗(定点筋斗),因此在空战中飞机头部可以随时指向敌机,并实施攻击。由于飞机的升阻比大,故作战半径和留空时间都较大,加上可以不加力超声速巡航,使得苏-47可迅速到达作战空域。

第一架原型机尚未装火控系统,武器包括R-27中距空空导弹、RVV-AE(发射后不管的导弹)和R-73近距格斗空空导弹,以及多种引导和非引导对地攻击武器。此外,苏-47安装有一门Gsh-30130毫米机炮。各种导弹武器均挂在机身下的保形挂架上,必要时也可挂于翼下。

▶ 苏-47的最大特点就是前掠翼设计,整机看上去科幻感很强,在试飞时,苏-47表现出了超强的机动性,实用性也比其他战机更可靠

■ 知识链接

苏霍伊飞机实验设计局(简称苏霍伊设计局)于1939年组建,以设计战斗机、客机、轰炸机闻名于世。首任总设计师为帕维尔·奥西波维奇·苏霍伊。研制成功的著名机种有截击机苏-9、苏-15;歼击轰炸机苏-7、苏-17、苏-24、苏-30、苏-34;强击机苏-25;战斗机苏-27、苏-30、苏-33、苏-35、苏-37。与米高扬设计局齐名,是俄罗斯(苏联)著名的设计局之一。

▲ 苏-47刚刚出现的时候,世界为之惊艳,几年过去后,苏-47似乎没有了下文

SUKHOI SU-57

苏-57战斗机（俄罗斯）

■ 简要介绍

　　苏-57战斗机是俄罗斯空军单座双发隐形多功能重型战斗机，是俄罗斯第五代战斗机（西方国家称为第四代战斗机）。苏-57有着显著的特点，之前的战斗机只能在很短的时间内进行超声速飞行，而苏-57则可在不借助加力燃烧室的条件下保持高速飞行，同时具备很强的机动性并能够携带高效的武器系统，以实现超声速状态下的作战。苏-57具有超声速巡航、综合探测系统、"体面的"隐身性能、"极度敏捷性"以及持续性强等特点，可与美国F-22战斗机相抗衡。

■ 研制历程

　　21世纪初，美国的F-22和F-35代表了空战的新境界，俄罗斯空军再次面临来自西方的沉重压力。于是俄罗斯空军提出了未来航空兵五大计划并开始重新进行新型战斗机的招标工作，这五大计划分别是未来远程航空系统（PAKDA）、未来运输航空系统（PAKTA）、未来截击航空系统（PAKDP）、未来强击航空系统（胡蜂EP）和未来战术空军战斗复合体（PAKFA）。

　　苏-57战斗机就是由俄罗斯"PAKFA"计划发展而来，前身为T-50战斗机，于2010年1月29日首飞；2010年到2015年秋，T-50的5架原型机完成了700架次试飞。2017年8月11日被正式命名为苏-57；俄罗斯计划用该型战斗机取代苏-27战斗机，与美国F-22战斗机抗衡。2021年1月29日，俄罗斯国防部正式接收俄首架量产苏-57战斗机。

▲ 苏-57战斗机首飞

基本参数	
长度	19.8米
翼展	13.95米
高度	4.74米
空重	18000千克
动力系统	2台AL-41F1-117S加力发动机
最大航速	2600千米/小时
实用升限	20000米
最大航程	4300千米

■ 作战性能

　　苏–57采用了常规布局，对飞机侧翼进行了改进以满足雷达隐身、超声速巡航和机动性能等方面的新要求。可携带10吨各式武器，为其研制的最新式武器有十多种，包括各种类型的导弹以及航空制导炸弹。苏–57拥有至少两个内置弹舱，整个武器舱室几乎占飞机容量的1/3，主要装载远距和中距空空导弹。在执行的战斗任务不需隐身的情况下，可外挂智能炸弹及导弹。苏–57将装备射程为120千米~230千米的中距空空导弹，射程300千米以上的远距空空导弹以及射程可达420千米的超远距空空导弹。此外，苏–57装有一门30毫米GSh–30–1航空机炮。

▶ 苏-35已经是一种拥有大推力矢量发动机的机型，而苏-57战斗机的性能比苏-35更加出色，苏-57战斗机不仅拥有强大的发动机，而且还强化了隐身能力，该机型同时也将应用大量的电子技术设备

▲ 苏-57战斗机航电设备有了质的改善，机载雷达能发现400千米以外的目标，可同时跟踪30个空中目标并向其中8个发起攻击

■ 知识链接

　　2017年8月11日，俄罗斯空天军总司令邦达列夫表示，正在测试的俄罗斯第五代战斗机T-50正式命名为"苏-57"。第五代战机的第一阶段测试于2017年12月结束，随后开始第二阶段测试。按计划于2019年开始小批量生产。2025年，俄罗斯计划将用苏-57战斗机全部替换老旧的米格–29和苏–27战斗机。

SPITFIRE FIGHTER
喷火式战斗机（英国）

■ 简要介绍

　　喷火式战斗机是二战期间英国的一种活塞式战斗机，是欧洲最优秀的活塞式战斗机之一。它是英国第一种成功采用全金属承力蒙皮的作战飞机，其综合飞行性能在二战时始终居世界先进水平，被称为"战斗机中的虎式坦克"。尽管因为操作和飞行员因素在空中损失颇多，但是它的优良性能还是为英国维持制空权以及欧洲战局的扭转起到了重要作用。

■ 研制历程

　　1935年1月，喷火式战斗机由超级马林公司设计，由罗尔斯·罗伊斯公司生产，1936年3月5日，进行了首次飞行。在试飞过程中，速度达到554千米/小时，这在当时是很先进的，各种报告对它的反映很好，这也立即引起英国皇家空军的注意，并决定大量订购这种新型战斗机。1938年8月开始装备于空军。二战中喷火式战斗机大量生产，并不断进行改进，先后发展了战斗机、战斗轰炸机、侦察机、教练机和舰载战斗机等诸多改型。

基本参数	
长度	9.1米
翼展	11.23米
高度	3.57米
空重	2540千克
动力系统	灰背隼63型水冷活塞式发动机
最大航速	656千米/小时
实用升限	13100米
最大航程	760千米

■ 作战性能

　　喷火式战斗机与飓风式相比，是真正的现代战斗机，是各种新技术结合的产物，无论从技术上还是综合飞行性能上，都是英国二战时最先进和最出色的战斗机。喷火式和德国Bf-109并列为欧洲战区最重要的两大机种，也是两架从大战初期到结束一直较劲的战斗机。

■ 实战表现

　　二战爆发时，英国皇家空军已有957架喷火式战斗机在11个飞行大队中服役，是唯一能与德军的Bf-l09战斗机对抗的机种。1940年7月10日至10月30日，爆发了历史上有名的不列颠之战。这对英国来说，是一场与德军争夺制空权的生死攸关的战役，英国举国上下投入了全部力量与德国作殊死搏斗，喷火式和飓风式等战斗机充当了空战的主角。英国防空体系发挥了最大效能，加上拥有性能先进的飞机，挫败了德国空军的进犯。

▲ 喷火式战斗机

▶ 雷金纳德·米切尔

▲ 喷火战斗机是英国维克斯 - 超级马林公司设计师雷金纳德·米切尔设计的,他以当时英国现役 S 系列竞速飞机为基础,于二战前将喷火式战斗机设计出来,这也是二战期间英国的第一种采用全金属承力蒙皮的作战飞机

■ 知识链接

雷金纳德·米切尔是英国飞机设计师,喷火式战斗机的研制者。生于斯塔福德郡特伦特河畔,未接受完中等教育,16岁时即为工厂学徒。通过夜校课程和自学,转向飞机的设计和制造。1916年受雇于超级马林公司,1919年起担任该厂总工程师。以设计一系列飞艇和高速水上飞机在国际比赛中获奖而著名。虽身患绝症,但在1936年设计出第一架喷火战斗机。

BRISTOL BEAUFIGHTER
"英俊战士"战斗机（英国）

■ 简要介绍

　　"英俊战士"战斗机是英国研制的一种双发重型多用途战斗机，二战前英法美等国并不重视重装备、远程双发战斗机。二战后英国皇家空军才发现，缺乏一种较"飓风""喷火"留空时间更长、能够执行多种任务的重型战斗机。于是，"英俊战士"作为一种重型战斗机，在最需要的时间服役。在战斗中表现不错，扭转了战场的局势。除了装备于英国皇家空军外，澳大利亚和新西兰皇家空军也都装备该机。

■ 研制历程

　　1938年，布里斯托尔公司预见到在可能的战争中需要一种重型战斗机，决定自费研发一种双发重型战斗机。在设计时除了考虑到战斗型外，还尽量按照英国皇家空军的F11/37号设计要求的指标，考虑可以改型为侦察机、鱼雷机。

　　1939年7月17日，原型机进行首次试飞。试飞后两星期，英国皇家空军一反常例，马上签订了300架飞机的生产合同，对迅速量产该机有促进作用。

　　1940年10月，"英俊战士"首次装备于英国皇家空军，机上装有英国当时最机密的夜间截击雷达，飞机参战后表现优秀。

　　随后的生产过程中，该机进行了多次改型，发动机、军械配备各不相同，使该机的多用途潜力得到发挥。长航程型适合北非沙漠的远程巡逻，鱼雷攻击型适合RAF海岸警卫司令部使用。

　　1945年9月21日，最后一架"英俊战士"完工，在整个生产过程中英国共计生产5562架，澳大利亚生产364架，包括VI各型1063架，X各型2231架。

基本参数	
长度	12.59米
翼展	17.62米
高度	4.85米
空重	6570千克
动力系统	2台布里斯大力神XI发动机
最大航速	530千米/小时
实用升限	7950米
最大航程	2368千米

■ 作战性能

"英俊战士"战斗机首先，速度快，在占位、追逐方面容易；其次，4门20毫米机炮威力极大，只需要一个短点射就可以将德国夜间轰炸机打得凌空爆炸。

▶ "英俊战士"还被用于对日军舰的打击行动，其中最为著名的一次攻击行动是"俾斯麦海之战"。行动中，英俊战士配合美军 A-20"波士顿"和 B-25"米切尔"轰炸机成功地实施了作战

▲ "英俊战士"能够成为重型战斗机是因为它安装了相当坚固的装甲，除了正面的防弹风挡，在仪表板前方、驾驶员和观察员座位下方、驾驶员后面的舱门等处均安装了装甲板，此外机翼后梁侧面也安装了装甲以保护机翼油箱。而硕大的发动机本身也能为飞行员提供良好的侧面防护

■ 知识链接

截击雷达，用于为空空导弹、火箭和航炮等提供目标数据。它与火控计算机、飞行数据测量和显示设备等组成歼击机火控系统。截击雷达一般有搜索和跟踪两种功能。在搜索时，雷达发现和测定载机前方给定空域内的目标，截获后即转入跟踪状态，连续提供瞄准和攻击目标所需的数据。

HAWKER HURRICANE

霍克"飓风"战斗机（英国）

■ 简要介绍

霍克"飓风"战斗机是英国研制的单座单发单翼活塞式战斗机，是二战期间英国空军的主力战斗机之一，也是二战期间综合性能最优秀的轻型战斗机之一。在不列颠战役中击落德国飞机约1500架，比其他飞机、地面火力加起来击落的还要多。被称为挽救英国最重要的武器。战后许多年，每当"不列颠战役"纪念日时，都会有一队霍克"飓风"战斗机从伦敦上空飞过，表示对这种传奇性飞机的敬意。

■ 研制历程

20世纪30年代，单翼机和动力操作炮塔成了飞机设计上两股非常时髦的潮流，霍克飞机公司的肯姆爵士富有远见地坚持设计单翼战斗机，其设计的新型单翼战斗机就是后来赫赫有名的霍克"飓风"战斗机。

1934年年初，霍克"飓风"战斗机的设计展开，由霍克飞机公司的悉尼·肯姆担任设计师。1935年11月6日，首架原型机试飞成功，1936年开始量产，其简单的结构令生产十分容易。

1937年10月12日，第一架量产型霍克"飓风"首飞，它标志着英国为了准备战争而加强空中力量的开始。1940年5月，挪威战役中，皇家空军的霍克"飓风"中队就将其岸基型"飓风"降落在"光荣"号航母上，这些使用经验为霍克"飓风"被改装为海军飞机在航母上使用奠定了基础。

▶ 霍克"飓风"战斗机编队

基本参数	
长度	9.75米
翼展	12.19米
高度	4米
空重	2605千克
动力系统	劳斯莱斯灰背隼XX型液冷V-12发动机
最大航速	511千米/小时
实用升限	10973米
最大航程	965千米

■ 作战性能

霍克"飓风"MKIIC型装有4门20毫米口径希斯巴诺MkII机炮,霍克"飓风"MKIID型装有2门40毫米口径维克斯S型航炮、2挺7.62毫米口径勃朗宁机枪。另外,霍克"飓风"MKIIC型和MKIID型还能携带2枚113千克或2枚227千克炸弹。

霍克"飓风"战斗机初期机翼以两组钢制翼梁构成结构,再覆上布制蒙皮。1939年4月由一种硬铝制造的全金属与应力蒙皮结构的机翼取代,其后出厂的霍克"飓风"战斗机均使用这种机翼,对子弹有较强的对抗性。

◀ 霍克"飓风"战斗机

■ 知识链接

在欧洲,霍克"飓风"战斗机主要作为战斗轰炸机使用。在北非,霍克"飓风"战斗机装上40毫米机炮,专门攻击坦克,也取得显赫战绩。

▶ 一架霍克"飓风"战斗机正在攻击地面目标

HAWKER TEMPEST
霍克"暴风"战斗机（英国）

■ 简要介绍

霍克"暴风"战斗机是英国研制的一种活塞式战斗机，作为英国空军最先进的活塞式战斗机大量配属英国驻海外的部队，如德国、塞浦路斯、巴勒斯坦、摩加迪沙、印度、伊拉克、新加坡等地。除了英国皇家空军装备"暴风"战斗机外，皇家新西兰空军也有"暴风"中队。"暴风"战斗机最辉煌的胜利是截击德国V–1导弹。

■ 研制历程

"台风"本来就是作为较"喷火"更先进的战斗机而设计，在使用过程中发现爬升率和高空速度并不理想，尤其是在高速俯冲时空气动力特性恶化，不容易从俯冲中改出，在使用过程中逐渐当成战斗轰炸机和地面攻击机使用。霍克公司从1940年3月开始开发改进型"台风"，试图使"台风"成为原来设想的先进战斗机。

1941年11月18日，英国空军订购了两架原型机，称为"台风II"。1942年8月，"台风II"改名为"暴风"。1944年1月，RAF的第486中队装备"暴风"，随后第3中队也开始装备。4月，第3中队在肯特郡的纽丘奇开始使用霍克"暴风"战斗机。

◀ 1944年6月，"暴风"首次在诺曼底登陆场上空执行巡逻任务并和德军的5架Bf109相遇，"暴风"击落了3架Bf109，自己无一损失。

基本参数	
长度	10.24米
翼展	12.49米
高度	4.09米
空重	4195千克
动力系统	军刀IIA发动机
最大航速	695千米/小时
实用升限	10972米
最大航程	1190千米

■ 作战性能

　　研制者经过研究发现，改变"台风"的翼形和减薄机翼可以大幅度提高"台风"性能。随即，采用比"台风"更接近椭圆的翼形，并在机翼弦长37.5%处减薄14.5%，翼尖减薄10%。机翼减薄后机翼油箱的容量减少，因此把发动机支架向前延伸533.4毫米，在发动机防火墙后增加了一个288升的机身油箱。改进后的飞机和"台风"外形十分相似，但从机翼的外形和机鼻的长度仍然可以将两者区别。

　　"暴风"战斗机本来是作为喷火式战斗机更先进的战斗机而设计，在使用过程中发现爬升率和高空速度并不理想，尤其是在高速俯冲时空气动力特性恶化，因此，在使用过程中逐渐当成战斗轰炸机和地面攻击机使用。

▲　1944年6月13日，德国开始用 V-1 导弹对英国腹地的目标尤其是伦敦进行大规模袭击，"暴风"战斗机作为英国飞得最快的中低空战斗机，承担了截击 V-1 的任务。6月16日，它首次击落 13 枚 V-1。在接下来的战斗中，飞行员总结了经验，利用其速度上的优势从后部接近 V-1，在 300 码（约270米）距离上开火，可以准确无误地击落 V-1。自此，击落 V-1 的数量迅速增加

■ 知识链接

　　V-1导弹是德国在第二次世界大战末期研制的飞航式导弹。它是世界上最早出现并在战争中使用的导弹，用于袭击英国、荷兰和比利时。V-1导弹用弹射器发射，也可从运载机上发射。V-1导弹重2.2吨，导弹长7.6米，弹径0.82米，翼展5.3米，动力装置为空气喷气发动机，飞行速度每小时550千米~600千米，飞行高度2000米，射程为370千米。战斗部装炸药700千克。

HAWKER HUNTER
霍克"猎人"战斗机（英国）

■ 简要介绍

霍克"猎人"战斗机是英国研制的一种单发高亚声速喷气战斗机，是英国战后最成功的战斗机。小角度俯冲时可超过声速，机动性不逊于同时代任何一架喷气式战斗机。只安装简单的测距雷达，不具备全天候作战能力，但可兼作对地攻击用。曾为英国皇家空军主力战机，并出口到超过19个国家，曾经许可荷兰与比利时引进、生产。

▶ 霍克"猎人"战斗机的驾驶舱

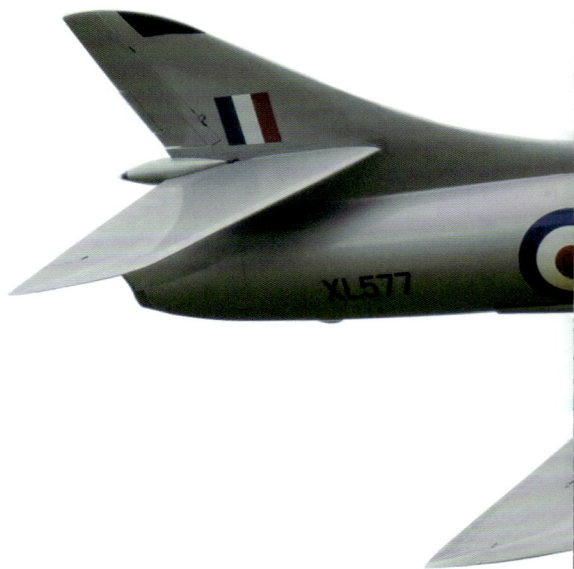

■ 研制历程

霍克"猎人"战斗机由霍克·西德利集团公司研制的，是以"海鹰"的一个版本设计P.1052演变而来。第一架生产型霍克"猎人"在1953年5月16日首飞。有多种型号，有单座和双座机型，共建造有近2000架。

▲ "猎人"作为一款成功的战斗机确实为英国航空工业的往昔辉煌做出印证。但也同时表明一个国家的航空工业的实力体现表现在独立自主研发的基础之上，没有自主研发产品群的产业无法真正实现产业的发展与强大

基本参数	
长度	13.98米
翼展	10.26米
高度	4.26米
空重	6020 千克
动力系统	"埃汶"113涡喷发动机
最大航速	1107千米／小时
实用升限	15200米
最大航程	2965千米

■ 作战性能

霍克"猎人"配装了令人生畏的4门30毫米阿登转膛炮。炮弹重495克，弹丸重237克。杀伤弹丸装有27克炸药，弹丸初速805米/秒。有效射击距离2000米。以标准弹的弹重计算，4门阿登炮每秒投射质量约为18.96千克/秒。阿登炮的性能比西斯帕诺好不少，比美国山寨AN3卡壳炮好了不知道多少倍，投射质量比其高了6千克以上，比MK-108高了4千克以上，既有20毫米机炮的射速又有30毫米机炮的威力，但缺点也十分明显，因射速太快，弹药在7秒内就会全部打光，也可见阿登机炮的恐怖。

▲ 霍克"猎人"战斗机

■ 知识链接

霍克·西德利集团公司1935年由霍克机械工程公司和阿姆斯特朗·西德利开发公司合并组成，二战期间，公司生产的飞机占英国1/4以上，并长期为皇家空军设计制造各种飞机及装备，"三叉戟""猎兔狗"等战斗机是其著名产品。20世纪70年代，其子公司霍克·西德利航空设备公司和霍克·西德利动力公司被国有化，并入英国宇航公司。

FAIREY FIREFLY
"萤火虫"战斗机（英国）

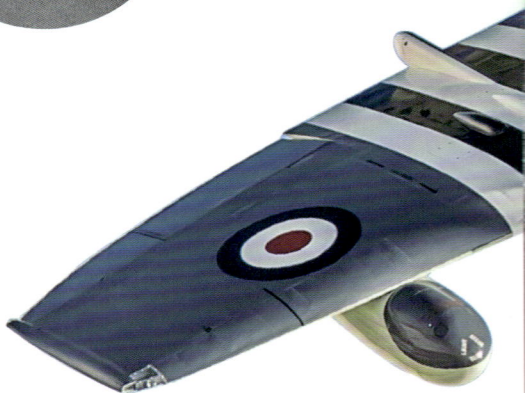

■ 简要介绍

　　"萤火虫"战斗机是英国研制的一种坚固而易操纵的舰载战斗机。它是一种多用途战斗机，可以执行战斗、攻击、侦察、夜间战斗和反潜等多种任务。装备"萤火虫"战斗机属于"不倦"号的1772中队是第一支在日本本土上空作战的舰队航空兵中队，同时它也是在东京上空执行作战任务的首支皇家海军飞行中队。由于"萤火虫"战斗机飞行性能并非一流水平，所以更多地被用于对地对海面目标的战术攻击而不是空战。其使用者包括英国、加拿大、澳大利亚和荷兰。

■ 研制历程

　　"萤火虫"战斗机由费尔雷公司在"管鼻燕"战斗机的基础上发展而来。它采用了新型的扬曼翼夹，机翼可以旋转90°后再向机身两边折拢。这种翼夹同样提高了机翼的强度和增大了翼面积。"萤火虫"于1943年6月开始在皇家海军航空母舰部队服役，1944年9月有了第一支中队（飞机9架）。该机一共生产了1623架。

▶ "萤火虫"战斗机

基本参数	
长度	11.46米
翼展	13.57米
高度	4.14米
空重	4432千克
动力系统	劳斯莱斯格里芬IIB发动机
最大航速	505千米/小时
最大航程	2090千米

■ 服役情况

　　第二次世界大战结束后，"萤火虫"继续留在英国和澳大利亚的军队中服役，生产一直持续到1955年5月。

■ 作战性能

　　"萤火虫"战斗机的外形上较"管鼻燕"更加具有流线型，在机头发动机隔舱之后，是前座座舱及其陡峭的挡风玻璃，而后座座舱隐入中部机身之内，有一个多框的舱盖，这里坐着侦察员或雷达手。可折叠的矩形翼梢的椭圆形低单翼相对厚度较厚，4门20毫米机炮均装在机翼上，火力较强。

▲ "萤火虫"的机翼可以折叠起来，便于在甲板上停放

■ 知识链接

　　1944年，"萤火虫"战斗机首次从英国航母"不倦"号起飞，攻击了德国战舰"提比尔兹"号。1945年，"萤火虫"参加了进攻菲律宾的战役，7月10日，它还代表皇家空、海军的飞机第一个飞入日本上空。1945年日本投降前，参加英国远东特遣舰队，对日本在苏门答腊的炼油厂、日本近海的船只及陆上目标进行袭击。

SUPERMARINE SPITFIRE

"海喷火"战斗机（英国）

■ 简要介绍

　　"海喷火"战斗机是喷火式战斗机的海军型，同时也是英国皇家海军二战中使用的第一种国产现代化舰载战斗机。它不仅装备了英国皇家海军，还被部分英联邦国家和其他国家使用。1951年，"海喷火"战斗机正式从皇家海军舰队航空兵中退役，但是直到1954年还有部分"海喷火"在英国皇家海军志愿后备队服役。

■ 研制历程

　　1938年，超级马林公司向英国海军部提出了一项基于喷火式战斗机的海军改型。此后经过不断的协调，1941年9月，海军向超级马林公司订购了首批250架"海喷火"战斗机。在上面计划进行的同时，2架原属于空军的喷火MKV型战斗机被送往工厂做了彻底的改进。

　　1942年2月10日，第一架"海喷火"战斗机成功降落在"光辉"号航空母舰的甲板上，这标志着"海喷火"正式服役的开始。先后总共有166架原属于空军的喷火MKVb型战斗机被改装为"海喷火"MKIb，这些改装主要包括加装着舰钩、对机身后部进行强化和加装海军标准的无线电。"海喷火"的另外一个主要型号是"海喷火"MKIII型。它是"海喷火"系列中第一次装备了可折叠机翼的舰载战斗机。

▶ "海喷火"MK Ⅲ 驾驶舱

▲ "海喷火"编队。

基本参数	
长度	9.12米
翼展	11.23米
高度	3.48米
空重	3465千克
动力系统	劳斯莱斯梅林45发动机
最大航速	536千米／小时
实用升限	9750米
最大航程	1215千米

■ 作战性能

　　为了适应作为舰载战斗机，"海喷火"在喷火式的基础上加装了着舰钩、用于飞机弹射器的设备和折叠式机翼。"海喷火"战斗机并不是非常理想的舰载战斗机，主要是因为它在航空母舰降落时存在一定困难并且航程较短。虽然有这些不足，但是由于该机爬升快、机动性好，所以仍然能非常有效地为舰队提供空中掩护。

◀ "海喷火" MK Ⅲ型是"海喷火"系列中第一种装备了可折叠机翼的舰载战斗机，并可携带更多的燃料

■ 知识链接

　　"海喷火"不仅装备于英国皇家海军，还被部分英联邦国家和其他国家使用。在1946年3月14日到1954年4月29日，共有35架"海喷火"服役于加拿大皇家海军的803中队和883中队。法国舰队航空兵也曾经分别于1947年和1948年4月接收过1架"海喷火" MK Ⅱ和3架"海喷火" MK Ⅲ。美国海军和南非空军也曾经对"海喷火"进行过测试。

HAWKER SEA FURY
霍克"海怒"战斗机（英国）

■ 简要介绍

霍克"海怒"战斗机是英国皇家海军最后服役的螺旋桨飞机，也是单往复式发动机飞机最快量产的机型之一。它设计于二战期间，在战争结束两年后开始服役。它性能优越，是一种广受欢迎的机型，多个国家采购了该机型，包括澳大利亚、缅甸、加拿大、古巴、埃及、伊拉克和巴基斯坦。它在朝鲜战争中表现良好，一度有效打击了米格–15喷气式战斗机。

■ 研制历程

1943年，应英国皇家空军的战时要求，"海怒"战斗机由霍克公司正式启动研发，因此最初该机型命名为"愤怒"。后来由于二战接近尾声，英国皇家空军取消了订单，然而，皇家海军认为这种机型适合作为舰载机取代一系列日益陈旧或适合度不佳的正在使用的机型。因此"海怒"战斗机开发继续进行，并于1947年投入使用。

虽然在20世纪50年代后期大部分军事运营商停止使用"海怒"战斗机，而改用喷气式推进飞机，但是有相当数量的飞机在民政部门继续使用。

基本参数

长度	10.60米
翼展	11.70米
高度	4.90米
空重	4190千克
动力系统	布里斯托尔半人马座 XVIIc
最大航速	740千米 / 小时
实用升限	11000米
最大航程	740千米

■ 作战性能

霍克"海怒"战斗机有很多设计与霍克"暴风"战斗机相似，但"海怒"战斗机是一种相当轻的飞机，其机翼和机身起源于"暴风"战斗机，但均有显著修改和重新设计。"海怒"战斗机配备了功率强大的布里斯托尔公司生产的半人马座发动机，装备有4个翼式西斯帕诺V机炮。虽然最初设计为一个纯粹的高空战斗机，而"海怒"FB11明确被定义为是一种战斗轰炸机，其设计也适合海军的需求。

▲ "海怒"装备有
1门航炮、火箭弹或
907千克炸弹

▲ 霍克"海怒"战斗机

■ 知识链接

　　螺旋桨飞机是指用空气螺旋桨将发动机的功率转化为推进力的飞机。从第一架飞机诞生直到二战结束，几乎所有的飞机都是螺旋桨飞机。在现代飞机中，除超声速飞机和高亚声速干线客机外，螺旋桨飞机仍占有重要地位。螺旋桨飞机特点是飞机重量和尺寸不大、飞行速度较小和高度较低，要求有良好的低速和起降性能。

GLOSTER METEORS
"流星"战斗机（英国）

■ 简要介绍

  "流星"战斗机作为英国第一种实用的喷气战斗机，也是二战时同盟国军队的第一种喷气战斗机，作为第一代喷气飞机，它的外形简洁，结构简单，非常受人喜欢。除英国外，澳大利亚、加拿大、以色列等国空军在内的17个国家都装备过不同型号的"流星"战斗机。战后，它持续生产到1954年，共计生产近4000架，服役时间长达17年。

二战结束后，苏联曾经尝试购买"流星"战斗机，并派出代表团，考察了英国飞机研究基地、制造厂、试飞中心等。然而最后英国航空部没有批准，"流星"也就没有出售给苏联

■ 研制历程

  1941年5月15日，格罗斯特公司的首架装WhittleW.1的E2839喷气式飞机试飞。1942年2月，英国空军正式向格罗斯特公司订购12架"流星"战斗机。7月，装W2B涡轮喷气发动机的首架原型机进行地面滑行试验。1943年3月5日，第五架原型机装Halforsh.1进行首飞。1944年1月12日，20架生产型MK1出厂。首架MK1被送到美国，交换一架贝尔公司的YP-59样机，其余交付英国皇家空军616中队，1944年6月交付完毕。

基本参数	
长度	12.59米
翼展	13.1米
高度	3.96米
空重	3663千克
动力系统	2台德温特8涡轮喷气发动机
最大航速	656千米/小时
实用升限	15000米

■ 作战性能

  "流星"战斗机是下单翼常规布局双发全金属飞机，修长的机身前部有一个水泡型座舱盖，中部安装弮形低单翼，翼上安装两个发动机短仓，平尾高高装在椭圆形垂尾中端，呈十字相交。在前机身，集中安装4门20毫米机炮，前三点起落架可收入机内，从气动布局上来看，比德国的Me-262战斗机相对保守。不过，在速度方面它有着明显优势，是当时同盟国军队唯一一个可以追上Me-262的战斗机。

■ 实战表现

"流星"战斗机第一次作战是在1944年7月27日，三架巡逻中的"流星"战斗机撞见V-1导弹飞越海峡抵达英格兰。不过由于西斯帕诺机炮卡壳问题，直到8月4日才第一次击落V-1，更有纪念意义的是，击落用的不是机炮。当时，狄谢尔·迪恩上尉驾驶一架"流星"战斗机用机翼翼尖挑翻了一枚V-1导弹，这种方法能够奏效是因为"流星"的速度能够和V-1保持相对静止。

▲ "流星"战斗机驾驶舱

■ 知识链接

喷气式飞机是一种使用喷气发动机作为推进力来源的飞机。它所使用的喷气发动机靠燃料燃烧时产生的气体向后高速喷射的反冲作用使飞机向前飞行，它可使飞机获得更大的推力，飞得更快。为配合高空飞行时的气压降低，喷气客机大部分配置有加压舱，而驾驶喷气军用机的飞行员，则需要穿戴具有加压功能的飞行服及飞行面罩。

DE HAVILLAND VAMPIRE
"吸血鬼"战斗机（英国）

■ 简要介绍

"吸血鬼"战斗机是一种单座/双座单发喷气式战斗机/教练机，为英国皇家空军装备的第二种喷气式战斗机。其中从双座夜间战斗机改装而来的教练机型号非常成功，是皇家空军飞行员第一种能真正做到自己"控制"机翼的喷气式飞机，也是世界上首次在航母上起降的喷气式战斗机，其原型机成为当时西方国家首款时速超过805千米的飞机。"吸血鬼"除了装备于皇家空军超过1500架之外，还大量出口，皇家海军航空兵也采用了"吸血鬼"战斗机和教练机型号。

■ 研制历程

"吸血鬼"战斗机是由德·哈维兰公司在二战期间研发的，1943年9月首飞，1946年4月正式服役。其前三点起落架可完全收入机内，这种煞费苦心的造型设计使喷气管尽量缩短，减少了排气损失。"吸血鬼"衍生出多种型号，可用作战斗轰炸机和夜间战斗机，后者带有双人座舱和截击雷达。

▶ "吸血鬼"战斗机虽然错过了二战，但是仍然在皇家空军中作为一线战斗机服役到1955年，并继续使用到1966年才退役

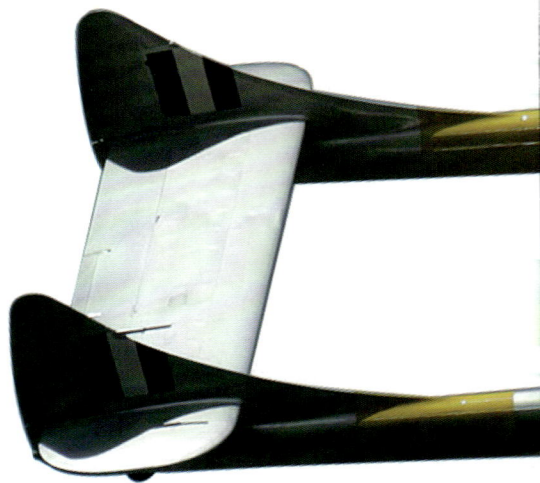

▲ "吸血鬼"战斗机采用极富特色的双尾梁气动布局

基本参数	
长度	9.27米
翼展	11.4米
高度	2.43米
空重	3189千克
动力系统	德哈维兰"小妖精"35发动机
最大航速	866千米/小时
实用升限	12191米
最大航程	1370千米

■ 作战性能

　　"吸血鬼"战斗机上装备有4门西斯潘诺20毫米机炮，可用作战斗轰炸机和夜间战斗机，后者带有双人座舱和截击雷达。

■ 知识链接

　　德·哈维兰，英国飞机设计师、制造家。一战期间为飞机制造公司的总设计师和试飞员，1920年组成德·哈维兰飞机公司。二战期间，研发了多种高速飞机，其中"吸血鬼"战斗机便是其代表作之一，而最著名的作品当属有着"木头奇迹"美称的蚊式轰炸机，蚊式的成功使德·哈维兰成为英国航空工业界的英雄，1944年被英王册封为爵士。

◀ 1954年，埃及从意大利和英国得到了49架"吸血鬼"战斗机（战斗轰炸机型）。在苏伊士运河危机中，与以色列交战过程中损失了3架

HARRIER JUMP JET
"海鹞" 战斗机（英国）

■ 简要介绍

　　"海鹞"战斗机诞生于英国，是世界上第一种实用型垂直/短距起降战斗机，其主要作战任务是海上巡逻、舰队防空、攻击海上目标、侦察和反潜等。"海鹞"战斗机是一个生逢其时的福将。马岛战争前，装配有"海鹞"战斗机的航母大概半年后便会退役，"海鹞"战斗机也面临退役，这时马岛战争爆发了，"海鹞"战斗机在此战中一举成名。

◀　"海鹞" AV-8B 型号有 7 个武器挂架，最大外挂重量 2270 千克。空勤人员正挂载空空导弹

■ 研制历程

　　1957年，英国霍克飞机公司和布里斯托尔航空发动机公司开始研制P.1127型垂直/短距起降战斗机，这一计划后来得到英国政府的支持。第一架P.1127原型机于1959年开始制造。第二架原型机于1961年9月首次完成悬停到向前飞行的过渡飞行试验，11月失事坠毁。1961年12月12日，借助俯冲实现了跨声速飞行，最后一架P.1127于1964年2月参加试飞。

　　1965年春，P.1127计划的6架原型机完成试飞后，英国航空部又单独与霍克飞机公司签订了研制6架进一步发展型的合同，依次编号XV276—281，目的是以P.1127的技术为基础，为皇家空军研制一种近距支援战斗机。

　　1966年8月31日，第一架原型机首飞，并在1967年被正式命名为"海鹞"。1969年4月开始装备于部队。美国曾向英国进口了"海鹞"系列，对其改进后称为AV-8B，在美国海军陆战队中服役。

基本参数	
长度	14.12米
翼展	9.25米
高度	3.55米
空重	6745千克
动力系统	劳斯莱斯飞马105涡扇引擎发动机
最大航速	1085千米/小时
实用升限	15170米
最大航程	2200千米

■ 作战性能

　　"海鹞"战斗机采用带下反角的后掠上单翼，机身前后有4个可旋转98.5°的喷气口，提供垂直起落、过渡飞行和常规飞行所需的动升力和推力，机翼翼尖、尾部和头部有喷气反作用喷嘴，用于控制飞机的姿态和改善失速性能。因此它具有中低空性能好、机动灵活、分散配置、可随同战线迅速转移等特点，其最大缺点是垂直起飞时航程和活动半径小、载弹量小并且陆上使用时后勤保障困难。

▶ "海鹞"使用的是英国罗尔斯·罗伊斯公司生产的飞马推力可转向涡扇发动机

◀ 一架 AV-8B 鹞 II+正在西班牙"阿斯图里亚斯亲王"号航空母舰上降落

■ 知识链接

　　1982年爆发的英阿马岛战役中，有28架"海鹞"战斗机携带美国提供的AIM-9L"响尾蛇"近距空空导弹，出动2376架次，以无一损失的纪录击落阿根廷包括法国"幻影"在内各型战斗机21架，"海鹞"只因地面炮火和事故损失了6架，创下了空战史上的空前纪录。阿根廷空军飞行员无不恐惧地把"海鹞"战斗机称为"空中黑色魔鬼"。

ELECTRIC LIGHTNING

"闪电"战斗机（英国）

■ 简要介绍

    "闪电"战斗机是英国生产的一种单座超声速截击机，20世纪60年代作为当时的一种过渡性装备开始进入英国皇家空军服役，而且在一线战斗20多年，直到1988年才从一线战斗部队退役。它虽没有机会参加过实战，但它是皇家空军20世纪60年代至70年代中唯一的国产双倍声速战斗机，而且是冷战时期英国第二代喷气式战斗机的代表作。

▲ "闪电"战斗机设计风格独特、怪异，机动性能不错

■ 研制历程

    "闪电"战斗机由英国电气公司1949年开始设计，第一架原型机1954年首飞，7月24日和26日试飞。第一次真正的试飞安排在1954年8月4日，试飞员是皇家空军中校R.P.博蒙特，他是英国电气公司的首席试飞员。

    由于风洞数据表明飞机能够达到声速的2倍，在第一次试飞之前就订购了50架，其中20架修改后用于试飞，另30架以"闪电"F.1的代号于1960年7月正式交付给了皇家空军。

▲ 英国皇家空军"闪电"战斗机

基本参数	
长度	16.81米
翼展	10.61米
高度	5.97米
空重	13400千克
动力系统	RA24R Mk210发动机
最大航速	2335千米/小时
实用升限	18300米
最大航程	2040千米

■ 作战性能

"闪电"战斗机尽管航程较短、载弹量不多，但仍是一种强劲、令人印象深刻的战斗机。这种深刻的印象不仅仅来自它出众的性能，而且也来自该机怪异的设计。英国飞机设计一贯标新立异，也一直保持其独特风格：美丽、怪异再加一点浪漫，此机也不例外，整个机身虽有些古朴，但机动性能不错。

"闪电"战斗机机头锥体内安装有AirpassA123S型单脉冲火控雷达以及标准的战斗机轻型瞄准具。雷达的作用距离大于56千米，作用范围方位正负45°。装备的军械多种多样，但基本用于空战。其射击火器在F.1和F.2改型上为2门30毫米阿登机关炮，而在F.53、F.6和F.55三种改型上则被取消。不过在机腹的吊舱最前段内可以安装2门带弹120发的阿登炮，当然也可以只装燃油。

▶ "闪电"战斗机最突出的特点是上下并列的发动机。可能设计师为了抬高座舱，改善飞行员视野，才采用了这种令人惊奇的设计

▲ "闪电"战斗机可在机身两侧挂载2枚空空导弹或44枚火箭弹，或在机腹挂载2门机炮

■ 知识链接

"闪电"F-6原来叫作"闪电"F-3A，是F-3的改良型。主要的改进在于机翼的外段前缘加宽，使后掠角稍稍减少，并带有锥度扭转，它可以显著降低亚声速阻力，从而增大了航程。另外，机腹下采用了全新的吊舱，其后半部的燃油容积比原来的吊舱增加一倍，并在该吊舱的前段加装了2门30毫米机关炮，而在后端下方加装了2块能增大超声速方向稳定性的腹鳍。而且增加了一个着陆减速钩。

PANAVIA TORNADO
"狂风"战斗机（英/德/意）

■ 简要介绍

　　"狂风"战斗机是英国、德国和意大利共同投资发展的双座双发变后掠翼超声速战斗机，主要用于近距空中支援、战场遮断、截击、防空、对海攻击、电子对抗和侦察等，是为适应北约组织对付突发事件的"灵活反应"战略思想而研制的，主要用来代替F-4、F-104、"火神"、"堪培拉"、"掠夺者"等战斗机和轰炸机。"狂风"战斗机的发展过程不仅是作战飞机国际合作上的成功典范，也是欧洲国家联合发展高性能作战飞机的重要里程碑。

■ 研制历程

　　为了代替现役的轻型轰炸机和战斗轰炸机，提高空军作战部队的纵深攻击能力，英、德、加、荷、比和意6国联合，1968年7月17日开始了多用途战斗机的发展论证。因为在作战要求上存在的分歧，加、荷、比陆续退出，剩下的英、德、意在1969年3月26日共同组成了帕那维亚飞机公司，用以专门进行多用途战斗机。

　　"狂风"战斗机于1970年开始研制，1972年完成结构设计，1974年8月首飞，1976年投入批量生产，1980年7月开始服役。

▲ "狂风"是一种超声速、全天候、多用途战斗机

基本参数	
长度	16.72米
翼展	13.91米（全展开，后掠角25°） 8.60米（全后掠，后掠角67°）
高度	5.95米
空重	13890千克
动力系统	2台RB199-34R Mk 103加力涡扇发动机
最大航速	2400 千米/小时
实用升限	15240米
最大航程	3890千米

■ 作战性能

　　"狂风"战斗机采用全金属半硬壳结构，"狂风"截面尺寸较大的机身具有很大的内部空间，在机身中段上方还有高强度的中央翼盒和转轴机构。为了提高对"狂风"电子系统的维护和保养能力，机头的雷达天线罩可以向侧面打开，雷达天线也可以折转，前机身侧面设计有大开口以便对航空电子设备进行检测。"狂风"的机身设置有大量的检查口盖，全机开口率较高，可以方便在设施简单的野战机场对飞机进行地面维护和保养。

　　"狂风"IDS战斗轰炸机和"狂风"ADV防空战斗机的装备使欧洲国家第一次拥有了可以和美、苏相似的战术空中打击力量，"狂风"ECR的装备也使欧洲国家在很大程度上摆脱了对美国空军战术电子战机的依赖。

◀ "狂风"战斗机发射导弹

■ 知识链接

　　"狂风"战斗机对地攻击型外挂架共7个，机身下3个，翼下每边各2个，能携带多种武器、电子对抗吊舱及副油箱。装两门27毫米"毛瑟"机炮，备弹量2×180发。狂风防空型在机腹下可挂4枚中距空空导弹（最多6枚），每个内翼挂架可挂1~2枚AIM-9L"响尾蛇"导弹，一门27毫米"毛瑟"机炮装在前机身的右下方。

▲ "狂风"战斗机发展出三种基本型号：对地攻击型，兼有空战能力；防空截击型，主要对空作战；电子战及侦察型

MIRAGE III
"幻影III"战斗机（法国）

■ 简要介绍

"幻影III"战斗机是法国达索公司研制的单座单发三角翼战斗机，主要任务是截击和制空，也可用于对地攻击。20世纪六七十年代作为法国空军主力战斗机，同时出口多个国家，在二战后世界的大小战争和武装冲突中屡显身手，博得各国青睐。

■ 研制历程

"幻影III"战斗机的出现始于1952年法国政府发起的一项研究，该研究的结果成为1953年年初发布的一种轻型全天候截击机研制规范。

达索公司为此提交了"神秘—三角"550方案，这是一种具有外形流畅的小型三角翼喷气机。1955年6月25日，第一架安装非加力发动机并有着荒谬大垂尾的"神秘—三角"首飞。该机的名字改为"幻影I"。

但是"幻影I"尺寸过于袖珍，军方认为有效战斗载荷不足，不能完成作战任务，所以在完成试飞后"幻影I"最终解体。为此达索设计了一种更大的"幻影II"，但没有制造实机。随后，达索跳过"幻影II"开始更为雄心勃勃的设计，新设计比"幻影I"大30%，这便是"幻影III"。

1956年11月17日，"幻影III"原型机首飞，1960年后开始交付使用。此后又出现了多种改型。

▲ "幻影III"在第三次中东战争中担任了以色列空军的主力之一

■ 作战性能

"幻影III"战斗机具有三角翼超声速阻力小、结构重量轻、刚性好、大迎角时的抖振小、机翼截荷低和内部空间大以及贮油多的优点。由于其作战性能优异，本国及出口他国出现了许多改型。

基本参数	
长度	15 米
翼展	8.22 米
高度	4.5 米
空重	7050 千克
动力系统	"阿塔"09C 发动机
最大航速	2350千米 / 小时
实用升限	17000 米
最大航程	2400 千米

▲ 1958年5月"幻影Ⅲ"A首飞，该型号最终飞到2.2马赫，成为第一种在平飞中超过2马赫的欧洲飞机

■ 设计特点

"幻影Ⅲ"战斗机采用无尾三角翼设计。无尾三角翼的特点是易于制造，机身强度大，高速性能好，并且有大量翼内空间装载燃油，十分符合截击机的性能要求。缺点也很明显，飞机起飞滑跑距离很长，很高的接地速度和较差的机动性。

▲ 早期批次的"幻影Ⅲ"C只有3个挂架——机腹1个，翼下2个；但很快就增加了一对机翼外侧挂架，使挂架数量增加到5个，外侧挂架用于挂载"响尾蛇"空空导弹

■ 知识链接

达索飞机制造公司是法国第二大飞机制造公司，世界主要军用飞机制造商之一，具有独立研制军用和民用飞机的能力，公司自1945年以来总共生产了各种飞机数百架。达索飞机制造公司多年来主要以军用飞机为经营重点，20世纪90年代以后才开始在高级公务机领域发展。公司总部设在巴黎，总经理部设在沃克雷松，圣克卢、韦利济、拉尼亚克等十几个地方设有工厂或试验中心。

MIRAGE 2000

"幻影2000"战斗机（法国）

■ 简要介绍

　　"幻影2000"战斗机是法国研制生产的一型单发三角翼多用途战斗机，它是法国第一种第四代战斗机，而且是第四代战斗机中唯一采用不带前翼的三角翼飞机。法国在战斗机研制方面独树一帜的做法不仅体现在"幻影2000"战斗机上，而且体现在整个"幻影"系列战斗机的形成和发展之中。

■ 研制历程

　　1965年5月，英国工党政府中止TSR2计划之后，宣布与法国合作，共同研制替代TSR2的变后掠翼战术飞机。两国因设计理念无法达成一致而宣告散伙。达索飞机制造公司按照法国空军生产一架较轻小的新幻影战斗机的要求，最终推出了改良自"幻影Ⅲ"的新型战斗机——"幻影2000"，1978年3月首飞，1983年服役。

　　基本型是空中优势战斗机2000C型，可遂行全天候、全高度/全方位、远程拦截任务；20世纪80年代发展了2000B双座教练型和2000N对地攻击型，20世纪90年代研制了空战能力明显提高的2000-5型，改型达20余种。

▲ "幻影2000"战斗机满载起飞

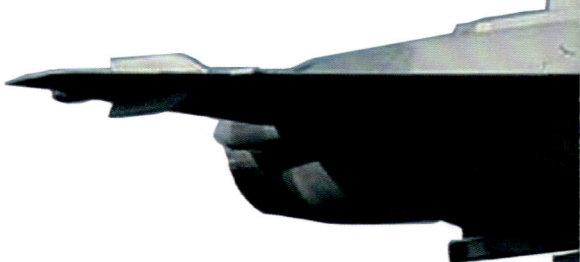

▲ "幻影2000"战斗机的驾驶舱

基本参数	
长度	14.36米
翼展	9.13米
高度	5.20米
空重	7500千克
动力系统	斯纳克玛M53-P2加力涡扇发动机
最大航速	2695千米/小时
实用升限	17060米
最大航程	3335千米

■ 作战性能

　　"幻影2000"战斗机采用的三角翼布局，是比较理想的展弦比小的气动方案，能减少被阻阻力，提高气动效率和增大升力。它可挂装的武器品种多。飞机上共有9个外挂点，总外挂能力约6000千克。"幻影2000-5"武器系统与以前型号的一个主要差别是挂装了"米卡"空空导弹。这种导弹是世界上第一种带全互换导引头的、发射后不管的空空导弹。它采用捷联式惯导加主动雷达或红外制导系统，可用于中、近距空战。导弹使用灵活、维护保障简便、可对付多种空中威胁，是美国先进中距空空导弹AIM-120的有力竞争对手。

■ 知识链接

　　"幻影2000"战斗机上共有9个外挂点（机翼下4个，机身下5个），总外挂能力约6000千克。在执行空中优势/防空作战任务时，"幻影2000-5"在机身挂架上挂4枚"米卡"导弹，机翼外侧挂架上挂2枚"魔术"导弹，其余挂架可用来挂副油箱，以执行远程、长时间空中巡逻任务。执行对地攻击任务时，"幻影2000"战斗机可管装普通炸弹、集束炸弹、反跑道炸弹、激光制导炸弹和火箭等武器。

DASSAULT RAFALE
"阵风"战斗机（法国）

■ 简要介绍

　　"阵风"战斗机是法国制造的一种双发三角翼高机动性多用途第四代半战斗机。它真正的优势在于多用途作战能力，是世界上"功能最全面"的战斗机之一，不仅海空兼顾，而且空战和对地、对海攻击能力都十分强大，还能作为航母舰载机，甚至可以投掷核弹。世界上真正属于这类"全能通用型战斗机"的新型战斗机，除此之外，只有美国的F/A-18E/F和F-35。

■ 研制历程

　　1982年6月，法国的达索飞机制造公司宣布正在研发"幻影2000"的后继机种。1983年4月13日，法国军方向达索公司下达两架技术展示机的合约。1985年年末，法国展示了"阵风"A型技术展示机原型，1986年7月4日，"阵风"实验机首次试飞。"阵风"C型01机于1991年5月首飞，"阵风"M型01机于1991年12月首飞，"阵风"B型01机于1993年4月首飞。

基本参数	
长度	15.27米
翼展	10.80米
高度	5.34米
空重	C型：9500千克 / M型：10196千克
动力系统	2台斯纳克玛M88-2涡扇发动机
最大航速	2205千米 / 小时
实用升限	16800米
作战半径	1852千米

▼ "阵风"使用的是斯纳克玛生产的M88系列发动机。可让"阵风"能够在携带4枚导弹及1250升外挂油箱下作超声速巡航

■ 作战性能

　　"阵风"战斗机是第一种拥有内在电子防御系统（频谱综合电子战系统）的飞机，这个电子防御系统拥有一个基于软件的、虚拟低可侦测性技术。不过"阵风"战斗机最重要的传感器是RBE2无源相控阵火控雷达。该雷达通过预先发现和在近距空战与远距拦截中同时跟踪多个空中目标、即时产生三维地形图、即时产生高分辨率地图来进行导航和火控，而达到了前所未有的视觉。

▶　"阵风"战斗机大部分部件和升降副翼用碳纤维复合材料制造。可动副翼可同向和差动偏转，使"阵风"战斗机有着优异的机动性能

■ 知识链接

　　综合电子战系统是把单个或多个作战平台上的不同种类、不同型号、不同频段与不同用途的电子战装备及多种作战手段，有机组合而成的一个完整的、通用的多功能电子战系统。其特点是突出系统的综合设计、信息资源的综合利用和电子对抗资源的综合管理与控制，实现多种电子战功能综合化。

FOKKER DR–I
福克Dr-I战斗机（德国）

■ 简要介绍

    福克Dr-I战斗机是德国在一战中使用的一款三翼机，这种三翼战斗机与众不同，几乎每一位德国空军飞行员在一战中都驾驶过。更为有名的是，它还是一战时期世界头号空战王牌、个人战果高达80架的"红骑士"里希特霍芬的最后座机。里希特霍芬曾称赞福克Dr-I"像魔鬼一样神出鬼没，爬升像猴子一样灵活"。福克Dr-I在其短暂的服役期内赢得了极大的荣誉，重创了协约国空军力量。直至性能可与之媲美的新型双翼战斗机问世，Dr-I才匆匆退出历史舞台，结束了辉煌的战斗生涯。

■ 研制历程

    一战爆发后，荷兰是中立国，作为荷兰人的安东尼·福克为德国人设计制造飞机，这让德国很不放心，要求福克入籍德国，福克不同意，于是德国就不准福克出境。德国政府加强了对该工厂的控制。福克在德国的监控下开发出福克系列飞机。1917年8月末，最初的两架预生产型福克三翼机被送往前线，接受实战状态下的评估，表现优异，随后量产。

基本参数	
长度	5.77米
翼展	7.2米
高度	2.95米
空重	406千克
动力系统	OberurselUr.II9缸卧式星形发动机
最大航速	185千米/小时
实用升限	6095米
最大航程	300千米

▶ 飞行中的福克Dr-I战斗机

■ 作战性能

由于机身轻巧、升力大，福克Dr–I具有很高的爬升率和机动性，在空中格斗时表现突出。因其翼展相对较窄的三层机翼飞机具有极佳的机动飞行性能，最适宜于与敌机进行近距离格斗，获得了几乎所有飞行员的青睐。

■ 实战表现

1917年9月1日，飞行员里希特霍芬驾驶其中一架福克三翼机升空了。在这场福克三翼机的处女秀中，里希特霍芬追击1架英军的RE.8双座机，结果在里希特霍芬的一击之下，后座观察员被当场打死，飞行员则重伤被俘。

▶ 曼弗雷德·冯·里希特霍芬。

■ 知识链接

曼弗雷德·冯·里希特霍芬，德国飞行员，是一战期间击落战机最多的飞行员之一，共击落80架多架战机。里希特霍芬被称为"红骑士"。1918年4月20日，里希特霍芬被加拿大飞行员布郎驾驶的"骆驼"双翼机击落身亡。英国人竟破例为这个曾经重创过自己的战争对手举行了隆重的葬礼，这在战争史上是前所未有的。

HEINKEL HE-219

He-219战斗机（德国）

■ 简要介绍

He-219战斗机，代号"猫头鹰"，是二战时德国研制的一种双座双发战斗机，是德国空军最优秀的夜间战斗机种，它同时还是世界上最优秀的同类机种之一。大概只有美国P-61"黑寡妇"夜间战斗机才可与其媲美。同时，它是德军第一架装备前三点式起落架的实用作战飞机，也是世界上第一架安装弹射座椅的作战飞机。

■ 研制历程

1940年7月17日，德国空军成立了第一个夜间战斗机师，指挥官是约瑟夫·卡姆胡贝尔少将。为了使这个新部队的战斗力得到进一步加强，卡姆胡贝尔为未来将要配备的主力夜间战斗机勾画了蓝图。

1940年8月，亨克尔公司向航空部技术局递交了一种多用途飞机的技术文件，代号P1055项目，获得德国空军认可。

1942年11月6日，He-219战斗机原型机试飞成功，卡姆胡贝尔将军立即要求与亨克尔公司签订一个发展合约，随后进行了量产。

基本参数	
长度	15.5米
翼展	18.5米
高度	4.4米
空重	13580千克
动力系统	2台DB603E发动机
最大航速	616千米/小时
最大航程	1540千米
作战半径	1852千米

▼ He-219在前线很受飞行员和地勤人员的欢迎，连他们的对手——英国皇家空军也认为这是一种一流的战斗机

■ 作战性能

He-219是一款卓越的夜间战斗机,它速度快、操作灵活、具备毁灭性的火力配置。它能让飞行员掌握极高的主控权。地面管制系统简单,引导飞行员到达正确的区域后,就放手让飞行员自己去狩猎敌机。He-219拥有的SN-2雷达搜索范围可达4平方千米。

▲ He-219 机首装备了 FuG 212 雷达天线

■ 实战表现

最初配备He-219的实战部队是在文洛的NJG1,它是第12航空军的一部分。1943年5月,NJG1对He-219V7、V8和V9号样机进行了实战试验。第一次战果由斯崔伯少校创造。在战斗中,他的最终夜间战绩达到击落33架战机。接替斯崔伯的INJG1指挥官弗兰克上尉驾驶机身编号G9+CB的He-219A-0在1943年9月27日于汉诺威上空与一架友军的Bf-110相撞身亡,指挥权由莫瑞上尉接下,在3个月的战斗中,该大队共击落敌机65架。

■ 知识链接

亨克尔是德国飞机设计师,喷气式飞机的发明人。1922年组建亨克尔飞机工厂,研制和生产各种轰炸机、客机和水上飞机。亨克尔设计的飞机在两次世界大战中均得到使用。亨克尔的主要贡献是发明喷气式飞机。他从1935年起与火箭专家布劳恩合作研制火箭飞机,1937年研制成功,又与奥海因合作研制成世界上第一架涡轮喷气发动机飞机He-178,1939年8月27日试飞成功。

HEINKEL HE-162

He-162战斗机（德国）

■ 简要介绍

He-162战斗机是德国在二战时生产的第二架量产的喷气战斗机，它来源于德国空军部的"国民战斗机"计划。该计划期望以简单的设计，大量生产一种成本极低、生产极容易、见效极快、性能极佳、极易驾驶的轻型截击机。希望能发动国民投入该机的大生产，使普通国民也能驾驶它升空作战。

◀ He-162"火蜥蜴"轻型喷气式战斗机是德国空军当时最优秀的机型，其机动性远远超出同盟国空军任何一种战斗机

■ 研制历程

1944年3月，德国空军部向6家飞机制造厂发出招标通知书。最苛刻的要求是：必须在1945年1月开始进行大规模生产。一些飞机设计公司认为不切实际，没有参与招标。最终亨克尔公司中标。1944年12月6日，原型机He-126V1试飞。1945年1月开始正式生产，2月6日进入部队服役。

按照规划，许多德国飞机制造厂将转产该机。一些工厂负责总装，一些工厂负责制造金属结构的机身，飞机的大小零部件由德国各地的中小型机械厂制造，木质部件（机翼、垂尾）由家具制造厂制造。最终的月产量将达4000架。

▲ 1945年9月14日，伦敦海德公园。一架在德国缴获的He-162"国民战斗机"被运回英国，参加"感恩纪念周"展览

基本参数	
长度	9.1米
翼展	8.45米
高度	2.55米
空重	1750千克
动力系统	BMW 003E发动机
最大航速	905千米/小时
实用升限	12000米
最大航程	620千米

■ 作战性能

　　He-162战斗机的优点是结构简单，生产快，操作容易，只需要接受过简单飞行训练的人员就能够操作与战斗，因此有"国民战斗机"的称号。但由于机身是木制的，这对喷气机来说比较脆弱，飞行速度若快于600千米/小时的话，机身会解体。还有侧滑问题，若侧滑超过20°，发动机喷射会吹到一边方向舵上而令其不到位，影响其水平稳定性。再者容易失速，若失速的话唯有弃机跳伞，但弹射椅设计又有问题，弹射时飞行员要缩回双腿，否则会发生被切腿的惨剧。

▲ He-162 发动机在机身上方，彼此相隔一些距离以免发动机高热会烧着机身

■ 知识链接

　　1945年2月6日，第一联队一大队首先装备量产型He-162A-2，4月14日移防莱克基地。第二大队随后换装。JV44飞行团由试飞He-162的第162飞行队加入，驻萨尔斯堡。这三支部队因实战训练未达合格标准而被德国空军司令部要求不得擅自出战。5月3日，JV44飞行团向美军投降；5月8日，第一大队向英军投降。在此期间内，仅取得了两次战果。

Bf-109战斗机（德国）

■ 简要介绍

Bf-109战斗机，又称Me-109战斗机，是德国单座单发单翼全金属活塞式战斗机，是二战期间德国空军的主力战斗机之一，也是二战期间综合性能最优秀的轻型战斗机之一。其机翼位于机身下方，具有全罩式座舱、可缩回起落架以及全金属制造的机身与机翼等多项特点，属于新一代的战斗机，其性能远在零式战斗机之上，是轴心国空军生产量最多、使用最广泛的军用机。

■ 研制历程

1934年，德国空军发出招标，要求研制一种接替He-51型双翼机的新一代战斗机，之后亨克尔的He-112、阿拉道的Ar80、福克-沃尔夫的Fw-159以及巴伐利亚飞机厂（该厂首字母简称Bf）主任设计师威廉·艾梅尔·威利·梅塞施密特设计的Bf-109型参与了竞标。

1935年5月29日，Bf-109在只临时装有一台英制克列斯特里尔发动机的情况下首次升空试飞，其飞行时速达497千米，最终Bf-109战胜其他竞争对手，被选中担任空军主力战斗机。

Bf-109战斗机除V型为原型机外，从A~S共开发出十几个改型，其中又包含近百种亚改型。在长达23年时间里，先后在德国、西班牙和捷克等地累计生产了35000架。

基本参数	
长度	8.85米
翼展	9.92米
高度	2.5米
空重	2673千克
动力系统	戴姆勒-奔驰DB605发动机
最大航速	660千米/小时
实用升限	11549米
最大航程	850千米

◄ Bf-109战斗机的作战性能是极其出色的，它的机身构造具有非常高的坚固性，这样的特性使它在战场上的生存能力非常强，并且这款战斗机操纵性非常优异

■ 作战性能

Bf-109战斗机的构造十分坚固,其操纵特性也非常优异,特别适合采用"打了就跑"战术的高速战斗机。正因其性能卓越,德国飞行员哈特曼少校长期使用该机,创造了个人击落战机352架的纪录。据统计,在大战期间,德国空军总战果中的一半以上是由Bf-109取得的。

■ 实战表现

1941年5月,两个大队的Bf-109被调往东部进攻苏联。6月下旬起,Bf-109E又与苏军展开多次激烈的空战。到9月10日,全部装备Bf-109的德空军JG51飞行团已累计击落苏机2000架。为弥补航程短的弱点,Bf-109常从最前沿的草地机场升空作战,有时每架每天要出动6次之多。根据统计,Bf-109与其宿敌拉格-7型或雅克-9型战斗机之间展开的空战大多发生在700米低空。

■ 知识链接

威利·梅塞施密特,德国著名飞机设计师和航空工业企业家。1923年,他创办了梅塞施密特飞机制造公司。二战期间,梅塞施密特公司成为德国最大的飞机制造商之一,设计出多种优秀战斗机。梅塞施密特研发的Bf-109战斗机在二战中成为德国空军最重要的战斗机。直至今日,它仍然是产量最多的战斗机,一共生产了大约35000架。

MESSERSCHMITT BF-110

Bf-110战斗机（德国）

■ 简要介绍

Bf-110战斗机是二战时期德国重型战斗机，是德国最有名的双发战斗机。由于机体大，行动不及单发机灵便，Bf-110更多用于编队护航、战术轰炸和夜间防空作战。在巴尔干运动、北非运动和东方阵线期间，它作为一个有力的战斗轰炸机向德国军队提供了有价值的地面支持。后来战争中，它发展成一个强大的配备雷达装备的夜间战斗机，成为空军的主要夜间战斗飞机。

■ 研制历程

德国空军在1934年对国内飞机制造厂发布了一项要求，希望能够研发一种双发动机的大型战斗机，战斗机必须有强大的火力和续航力，以能够保护轰炸机深入敌境打击敌军的心脏地带，当时这种战斗机被称为护航战斗机或驱逐机。在设计师梅塞施密特的主持研制下，原型机在1936年5月12日首飞，其许多性能都达到了军方的要求，因此得到批量采购。

Bf-110共开发过8种主要改型，Bf-110A、B是早期试制型，由于马力不足，未投产。Bf-110C是改进后的第一种批产型和大战初期主力机种之一。

▶ Bf-110 试验机全尺寸机身木模

▲ Bf-110C-4 安装了 DB 601A 发动机

基本参数	
长度	12.3米
翼展	16.3米
高度	3.3米
空重	4500千克
动力系统	2台戴姆勒－奔驰DB 601B-1发动机
最大航速	560千米/小时
实用升限	10500米
最大航程	2410千米

■ 作战性能

从外形看，Bf-110的设计相当的传统，2台发动机分别装在机翼上，并且采用双垂尾的设计。机首配置了相当猛的火力，包括2门MGFF20毫米机炮和4挺MG177.92毫米机枪，另外后方的防卫则由领航员兼机枪手操作1挺MG157.92毫米旋转式机枪。它更多是为己方的轰炸机大编队提供护航，在遭到伏击时，常能采用圆形走马灯式的战术，头尾相衔，互相掩护，伺机反击。

▲ Bf-110 试验机 Hs 124V1 原型机

▲ Bf-110A-0 预生产型

▲ 1941—1942 年间部署在东线的 Bf-110F-1

■ 知识链接

在战争中，原本应该担任轰炸机护卫作用的Bf-110在遇到时速相差不多但却极为灵活的喷火式战斗机时，明显不是对手，加上Bf-110的副油箱挂架设计不合理，在空中抛弃时有击中机身的危险，因此Bf-110必须挂着充满油气但无法抛弃的副油箱和敌机空战，这使得Bf-110遭到严重的损失。甚至遇到基本性能比喷火式差，但火力和灵活性优秀的"飓风"战斗机时，明显也招架不住。

Me-410战斗机（德国）

■ 简要介绍

Me-410战斗机是在二战期间属于德国空军的一款重型战斗机，Me-410能够执行多种任务，包括轰炸、高速侦察、拦截重型轰炸机以及用作夜间战斗机。1943年年初，Me-410战斗机作为夜间战斗机在英国南部上空首次投入实战，后又被用于东线战场、莱茵防线以及地中海。

▲ Me-410昵称"大黄蜂"，在第二次世界大战期间属于德国空军的一款重型战斗机与快速轰炸机

■ 研制历程

Me-410战斗机的前身是以灾难的操控性而闻名的Me-210战斗机。虽然梅塞施密特公司只是针对前型进行了一些修改，但为了与失败的Me-210做区分，故改称为Me-410。1942年秋首飞，1943年1月就装备于前线部队。从1943年5月至1944年8月，共生产约1200架。

基本参数	
长度	12.48米
翼展	16.35米
高度	4.28米
空重	7518千克
动力系统	2台DB603A型发动机
最大航速	624千米/小时
实用升限	10000米
最大航程	1670千米

▲ Me-410 侧视图

■ 作战性能

Me-410战斗机共有2名乘员（驾驶员和机枪手）驾驶、机载武器为2挺MG-17型7.92毫米机枪、2门MG-151/20型20毫米机关炮、2挺MG-131型13毫米机枪。挂架上可以挂载4枚210毫米火箭弹，或者是1000千克的外挂。

▶ Me-410 与 Me-210 相比，前者拥有更长的机身与全新的前缘缝翼，这两项设计被证实装备在 Me-210 上可以显著提升它的飞控性能。缝翼原本是早期 Me-210 机型的特征，但由于无法有效地操控，故在生产线予以移除

▲ Me-410 机身侧面航炮

■ 知识链接

Me-410是Me-210的改型，安装了自动开缝襟翼和更长的尾部，使Me-210的不安定性得到改善。一些新兵器也以Me-410为平台，如210毫米火箭弹、50毫米机炮。这种多用途战机的设计目的是取代并不成功的Me-210型重型战斗机，而它的确比后者更优秀。Me-410第一架飞机于1943年1月开始交货，相较于原本的计划几乎足足晚了2年。

MESSERSCHMITT ME-262

Me-262战斗机（德国）

■ 简要介绍

Me-262战斗机是德国在二战末期制造的一种喷气式飞机，它于1944年夏末首度投入实战，成为人类航空史上第一种投入实战的喷气战斗机，与同一时期英国制造的"流星"战斗机齐名。虽然燃料的缺乏使Me-262在战争中未能完全发挥其性能优势，但德国飞行员驾驶该型战斗机在二战期间依然取得了击落509架战机、自损100架的战绩。该机采用的诸多革命性设计对战后战斗机的发展产生了非常重大的影响。

■ 研制历程

在1938年之前，德国当局就命令梅塞施密特飞机厂尽快研制一种能兼容由巴伐利亚或容克公司试制的涡轮喷气发动机的全新型战斗机。1939年6月，P1065双发方案初审通过，1941年1月，原型一号机Me-262V1出厂，1942年7月18日，改装容克公司2台尤莫109-004A喷气发动机，终于获得完全成功。10月1日，Me-262原型二号机也相继投入试飞。1943年6月，Me-262正式投产，7月份开始组建第一支实验飞行队。

▲ 1945年，美国印第安纳州弗里曼陆军机场的Me-262战斗机。该机为双座夜间战斗机型号，配备有雷达。飞机保留德国空军的迷彩，垂直尾翼上的德国铁十字标识没有涂掉。只是在垂尾下部涂上美军标号"FE-610"

▲ Me-262是人类航空史上第一种用于实战的喷气式战机

基本参数	
长度	10.6米
翼展	12.5米
高度	3.5米
空重	4000千克
动力系统	2台Junkers Jumo 004B-1
最大航速	540千米/小时
实用升限	11500米
最大航程	1050千米

■ 作战性能

　　Me-262是一种全金属半硬壳结构轻型飞机，流线型机身有一个三角形的断面，机头集中装备4门30毫米机炮和照相枪。半水泡形座舱盖在机身中部，可向右打开。前风挡玻璃厚90毫米，椅靠背铺15毫米钢板，均具备防弹能力。EZ-42陀螺瞄准具或莱比16B瞄准具可用于机炮和火箭的发射瞄准。近三角形的尾翼呈十字相交于尾部，2台轴流式涡轮喷气发动机的短舱直接安装在后掠的下单翼的下方，前三点起落架可收入机内。

　　虽然Me-262被视作深陷绝境的德国空军施展的最后绝招，而且其生产能力远远达不到扭转战局的需求，但不到一年的实战过程却证明它不愧为一种强大的作战飞机。

▲ Me-262 战斗机的驾驶舱

■ 知识链接

　　1944年6月，真正的战斗机改型Me-262正式参战。在一次战斗中，6架Me-262于数分钟内接连击落15架B-17型轰炸机，Me-262的大口径航炮开始显示出对大型目标的有效摧毁力，而高速飞行又提高了自身的生存性。10月中旬开始，该部每天出动3～4架，伏击于敌轰炸机航线两侧，30天内又击落敌机22架。至1945年2月的最后一周，该团共击落大型轰炸机45架，战斗机15架。

FOCKE-WULF FW-190

Fw-190战斗机（德国）

■ 简要介绍

Fw-190战斗机是二战期间德国一型单座单发平直单翼全金属活塞式战斗机，是二战中后期最好的战斗机之一。它作为一款多用途战斗机，性能出色，优秀的高速机动能力使其在与喷火式战斗机Ⅸ型的战斗中不落下风，甚至与后来的喷火式战斗机ⅩⅥ型也不相上下，良好的视野使其经常能利用敌人的视野盲区给予敌人致命的攻击。

■ 研制历程

20世纪30年代中期，德国航空部只有一种主力战斗机——Bf-109，不能确保今后一个时期内，德国空军仍能居于世界各国空军的前列。其他空军强国至少有两种现代战斗机即将投产服役。在这种情况下，德国航空部技术部门于1937年冬提出了新型战斗机的技术规范。

1938年春，这些技术规范发往各主要生产厂家，其中就包括福克-沃尔夫飞机制造厂。在主任设计师库尔特·谭克教授的领导之下，一种采用星形气冷式发动机驱动、结构紧凑的战斗机方案诞生了。

1938年秋，Fw-190原型机进入生产阶段。1939年春末，原型机Fw-190V1出厂。6月1日完成首飞。同年秋，第二架原型机Fw-190V2出厂，并于10月31日首飞。Fw-190V2被用于向赫尔曼·戈林展示性能，并给他留下了深刻印象。很快，40架预生产型Fw-190A-0的订单以比预想的快得多的速度下达了。1941年8月首次投入战斗，总产量约为20000架。

■ 作战性能

Fw-190的2门MGFF和2门MG151机炮往往一个点射就能击毁B-17，使同盟国空军不得不派出护航战斗机和加厚B-17机腹的装甲。Fw-190可携带一枚250千克炸弹作为战斗轰炸机使用。在对敌坦克实施轰炸后迅速大角度爬升再利用自身强大的火力与敌机交战。这种战术一般用于东线战场，使苏联军队相当烦恼，使Fw-190有"屠夫之鸟"之称

基本参数	
长度	10.19米
翼展	10.5米
高度	3.36米
空重	3200千克
动力系统	BMW801型D-2发动机
最大航速	656千米/小时
实用升限	12500米
最大航程	800千米

■ 实战表现

1941年8月，Fw-190战斗机首次参战，其优异的性能令英国皇家空军感到棘手，于是英国皇家空军不得不搬出喷火式战斗机IX型加以对抗。在无数次阻击同盟国空军大规模空袭编队的空战中，Fw-190的飞行员们采用了由马依雅大尉首创的冒险战术：与敌机群同高度迎头接近，以尽量减少被击中的机会，在靠近目标时集中开火，然后大机动拉杆向上脱离，由此屡有斩获。

▲ Fw-190 前视图

◀ Fw-190 作为 Bf-109 的后继机种，最终成为第二次世界大战后期性能超群的主战机种

■ 知识链接

库尔特·谭克，二战时期不仅领导设计和制造了著名的Fw-190战斗机，而且他还是Fw-190定型时的主要试飞员之一。二战之后曾在阿根廷、印度进行航空工作。

Ta-152战斗机（德国）

■ 简要介绍

Ta-152战斗机是二战末期德国的一型高空高速活塞战斗机。它是由Fw-190发展而来，与P-51、喷火式战斗机一起被誉为活塞式战斗机的极限。Ta-152战斗机与作为"快速解决方案"的Fw-190D相比，是作为"最终解决方案"的极致之作。由于诞生时期偏晚，生产数量太少，并未在战争中发挥太大作用，但其优秀的性能仍获得了交战双方的一致赞赏。

▶ Ta-152 战斗机

■ 研制历程

1940年年底，福克-沃尔夫公司的设计小组在库尔特·谭克的领导下着手改进Fw-190，以提高其高空性能，但没有得到军方的积极响应。

1942年秋天，美国轰炸机开始和皇家空军一起对德国进行大规模战略轰炸。而且，德国情报部门清楚地知道B-29的存在。德国空军认为如果B-29对德国进行轰炸，现有的战斗机完全无力截击。因为在同温层中，现有的战斗机达不到这样的高度，即使勉强达到，也完全丧失了机动能力，更遑论发动攻击了。库尔特·谭克的计划被德国空军火速提到议事日程。

1944年夏天，第一架Ta-152H的原型机完成。12月，第一架预生产型Ta-152H-0下线。从1943年开始，生产型Ta-152H-1下线。1945年1月开始列装参战，此时德军节节败退，截至战争结束，各型生产总数相加不足150架，列装部队的数量更少。

▲ 德国 Ta-152 战斗机

基本参数	
长度	10.82米
翼展	14.44米
高度	3.36米
空重	4031千克
动力系统	Jumo213E-1发动机
最大航速	750千米 / 小时
实用升限	14800米
最大航程	2000千米

■ 作战性能

Ta-152是德国活塞式战斗机之王，其各项飞行性能已经接近活塞式战斗机的极限，仅在最高时速、爬升率上略逊于同时期的另一种活塞式战斗机的巅峰之作P-51H。如果战争后期能大量出现在空战中，一定会使同盟国空军大伤脑筋。Ta-152战斗机王牌飞行员约瑟夫·基尔这样评价："Ta-152的操控性能使之前所有的战斗机黯然失色。它极小的转弯半径和令人惊讶的爬升性能在我看来没有一种现役战斗机能与其媲美。"

■ 实战表现

1945年4月14日下午，在第二次任务中，JG301联队的雷施克军士长和奥弗哈默中校以及另外一名军士长一道升空，准备前往拦截正在对铁路调度场实施低空攻击的敌机。就在雷施克看到2架"暴风"战斗机时，另一名军士长的座机却因为机械故障一头栽向地面。瞬间一场2对2的格斗随即展开。在急速盘旋中，雷施克咬住一架"暴风"并击中其尾部，这架"暴风"在大幅度侧滚中失速坠毁。德军为这位英军少尉飞行员举行了葬礼，他与之前因机械故障坠毁的德军军士长一同被安葬在了格莱威新城墓地旁。同样来自于JG301联队的约瑟夫·凯尔军士长成为世界上唯一一位Ta-152王牌飞行员。他驾驶Ta-152击落美军B-17、P-51、P-47各一架，还有两架苏军的雅克-9。

▲ 海因里希·福克是德国著名的飞机设计师和直升机先驱。

■ 知识链接

人们普遍认为第一架实用直升机的发明者是德国的海因里希·福克教授——福克-沃尔夫飞机公司的创始人之一。1936年，由福克制造的Fw-61型直升机首飞，这是全世界第一架实用的、完全可控的直升机的首次飞行，尽管不容易操纵，但该机能够可靠地完成现代直升机的所有基本动作。

DORNIER DO 335 PFEIL

道尼尔Do-335战斗机（德国）

■ 简要介绍

道尼尔Do-335战斗机是二战期间德国生产的一款多用途战机，其双人座的教练机被称为"食蚁兽"。由于两具发动机独特的纵列推拉式布局使阻力大减，使Do-335的性能优于其他款的重型战机。Do-335可能是二战中飞得最快的活塞式飞机。用两台大马力发动机驱动两具螺旋桨，一拉一推。但在战争末期仅来得及生产28架，未能发挥应有的作用。

■ 研制历程

1942年5月，道尼尔公司参与德国单座高速轰炸机的竞标，结果，击败阿拉多（Arado）和容克斯（Junkers）公司两个强劲对手，获得了编号BLMDo-335的研发合同。然而，正当设计工作全面展开之际，面对同盟国军队方面逐渐增长的空中威胁，德国航空部认为单纯的轰炸机已不合时宜，指令将研制方向转到能适应各种作战要求的多用途战机上。

1943—1944年的冬春时节，多架Do-335原型机陆续出厂。鉴于试飞结果反映不错，1943年12月航空部拟定了到1945年年末制造310架Do-335的生产计划。结果，随着德国的失败，一切付之东流。

▲ Do-335 未能真正参战，也从没有机会证明自己

基本参数	
长度	13.85米
翼展	13.8米
高度	4.55米
空重	5210千克
动力系统	2台DB 603A发动机
最大航速	765千米／小时
实用升限	11400米
作战半径	1160千米

■ 作战性能

    Do-335具有许多创新之处，从最初的轰炸机项目到后来的多用途型号，性能均很突出。Do-335是当时飞得最快的活塞螺旋桨战机之一，但是爬升、盘旋、滚转均很一般，即使投入使用，也难以对抗同盟国空军的P-51H、P-47M等二战末代活塞战斗机。战后，更先进的喷气式战机让这支"利箭"相形见绌，这种串联双发双桨战机自此成为绝响。

▲ 克劳德·道尼尔

■ 知识链接

    克劳德·道尼尔是德国著名飞机设计师和航空工业企业家，1929年，道尼尔设计出Do-X飞船，这是当时世界上最大的水上飞机，二战前夕和二战期间，道尔尼为德国研制的水上飞机和轰炸机有Do-17轻型轰炸机、Do-217型中型轰炸机和Do-335截击机。

FIAT CR.32

菲亚特CR.32战斗机（意大利）

■ 简要介绍

菲亚特CR.32战斗机是意大利生产的双翼战斗机，它是20世纪30年代世界上最杰出的双翼战斗机之一，也是意大利空军中装备数量最多的单座战斗机，是意大利空军的主力战斗机，历经西班牙内战及二战，并外销奥地利、匈牙利、巴拉圭及委内瑞拉等国。

■ 研制历程

菲亚特CR.32战斗机是意大利菲亚特公司传奇般的工程师——切莱斯蒂诺·罗萨特利在CR.30战斗机基础上按比例缩小改进的，借助于不断的风洞试验进一步完善了原来的设计。1933年实现首飞，随即意大利航空部下令开始批量生产。第一系列50架飞机于1934年3月至8月生产。

▲ 菲亚特 CR.32 战斗机

▲ 1941 年，在利比亚的班加西，澳大利亚皇家空军的菲亚特 CR.32

基本参数	
长度	7.45米
翼展	9.5米
高度	2.63米
空重	1453千克
动力系统	菲亚特A.30Rabis型发动机
最大航速	360千米 / 小时
实用升限	7550米
最大航程	796千米

■ 作战性能

菲亚特CR.32在CR.30基础上，保留了机鼻的2挺12.7毫米萨法特机枪，增加了2挺7.7毫米萨法特机枪——每侧下机翼的上表面整流罩内各1挺，在螺旋桨旋转范围外射击。除了一些细节不同外，CR.32配备了1台升级了的菲亚特A.30Rabis发动机。尽管功率有所增加，但机翼机枪和弹药导致的重量增加损害了CR.32的机动性和速度。

▲ 博物馆中的菲亚特 CR.32 战斗机

■ 实战表现

二战中首支接战的菲亚特CR.32战斗机是在利比亚的意大利第50攻击联队。1940年6月11日，该联队的CR.32击落了两架袭击战略港口托布鲁克的英国皇家空军布里斯托尔"布伦海姆"轰炸机。意英两国的战斗机于两天后在卡普措港上空首度遭遇，一架CR.32被一架格洛斯特"斗士"战斗机击落。6月14日，意大利人发动反击，鲁奇尼上尉在布格上空射落了一架"斗士"战斗机。

■ 知识链接

西班牙是CR.32战斗机最主要也是最辉煌的舞台。1936年，12架CR.32加入了弗朗西斯科·佛朗哥将军麾下的空军。这支由文琴佐·戴夸尔上尉指挥的部队被称为西班牙外籍军团航空兵第1战斗机中队。CR.32迅速投入西班牙内战的空战之中。1936年，乌戈·切凯雷利中尉在一次护航任务中于科尔多瓦上空拦截并击落了一架纽波尔52，首开西班牙内战空战击坠纪录。

191

FIAT CR.42

菲亚特CR.42战斗机（意大利）

■ 简要介绍

菲亚特CR.42战斗机是意大利在二战时生产的双翼战斗机，是意大利空军主力战斗机之一。它是CR.32战斗机改良型，其生产商菲亚特把发动机改为更大马力的风冷式。该机属于自CR.1型以来研制出一系列双翼战斗机的著名设计师赛莱斯齐诺·罗扎蒂利的最终杰作。

■ 研制历程

由于意大利战机设计方认为双翼机的转弯能力比单翼机的高速重要，故CR.42仍然是双翼战斗机，二战时仍是意大利空军主力战斗机之一。如在北非战场上，CR.42经常要和比它先进的英制飓风式等单翼战斗机交战，当然处于下风，所以，CR.42在1942年停产。不过，CR.42有多种改型。

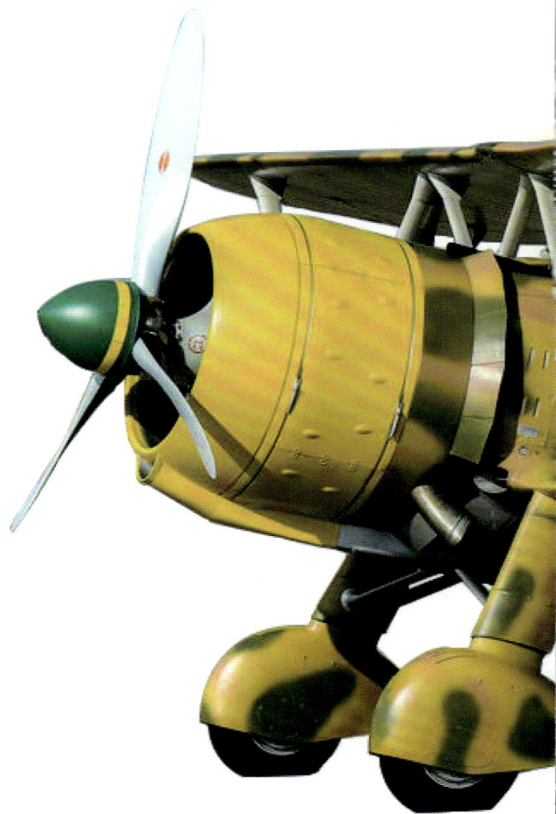

▲ 菲亚特 CR.42 战斗机

基本参数	
长度	8.25米
翼展	9.7米
高度	3.3米
空重	1782千克
动力系统	A74RC38风冷式发动机
最大航速	430千米／小时
实用升限	10210米
最大航程	780千米

■ 作战性能

CR.42bis型战斗机的机枪口径统一为12.7毫米。不久，又发展了CR.42ter，这种改型在下机翼根部包皮内增加了2挺机枪，稍稍弥补了以往火力不足的缺憾。1942年又出现了CR.42as，它是北非地区专用的战斗/轰炸机改型，翼下可挂100千克炸弹2枚。CR.42cn是带探照灯的用于意大利北部重工业中心地带夜间防空的改型，而CR.42b则改装了1010马力的德国产DB601型发动机，在1941年的试飞中最高时速达520千米，成为当时世界上飞得最快的双翼飞机。

▶ 菲亚特 CR.42 双机编队

▲ 机场上的菲亚特 CR.42 机群

■ 知识链接

1940年8月4日，英国中尉帕特尔首次参加战斗任务是护卫"莱桑德"侦察机。当英机编队飞越边境时，遇到了意军7架布雷塔65双座战斗/轰炸机的阻截。8架"角斗士"立即应战。最终打落一架意机，冒着白烟坠入沙漠。帕特尔的第二次空战是在8月8日。英军13架"角斗士"在利比亚上空袭击27架CR42。共击落意机9架，其中2架是帕特尔的战果。英方损失"角斗士"2架，其中1名飞行员生还。

FIAT G.55

菲亚特G.55战斗机（意大利）

■ 简要介绍

菲亚特G.55战斗机是二战期间意大利研制的一种单引擎单座战斗机，1943—1945年在意大利皇家空军及意大利国家社会主义空军服役。菲亚特G.55被认为是5系列意大利战斗机中最杰出的一个型号。在意大利北方空战中，在战争的最后一年里经常与英国的喷火、美国的野马、P47和P38闪电对战。

■ 研制历程

菲亚特G.55战斗机是由菲亚特在都灵的工厂设计并制造的，是菲亚特G.50的后继型。1942年4月30日完成首飞，1943年3月完成评估试飞。1943年9月意大利投降前只有16架G.55/0（预生产型）、G.55/I（最初生产型）交付意大利空军，装备353中队，担任罗马的防空任务。在此之后生产的飞机因生产线位于都灵而被"萨洛共和国"空军接收，共计生产了274架。

由于美军对意大利北方空军基地的高强度轰炸，这些飞机损失惨重。战争结束时还有37架未完工的飞机在生产线上。战后，利用剩余部件和生产线上未完成的飞机，1946年9月重开生产线，先后为意大利空军、阿根廷空军分别生产10架、30架G.55A（单座战斗/教练机），为阿根廷空军生产的30架转供埃及空军17架，为意大利空军和阿根廷空军生产交付了10架、15架G.55B（双座教练机）。

▲ 菲亚特 G.55 前视、后视图

■ 作战性能

G.55战斗机的机鼻装备了1门MG151/20-20毫米机关炮，备弹200发，另外4挺12.7毫米布莱达–萨法特机枪中，2挺装备在引擎罩上方，另2挺装备在较低的位置，每挺备弹300发。1943年9月8日，在其为意大利共和国短暂的作战服役期间，其牢固和快速的性能向世人证明它是一架杰出的高空截击机。

基本参数	
长度	9.37米
翼展	11.85米
高度	3.13米
空重	2630千克
动力系统	DB605发动机
最大航速	630千米／小时
实用升限	12700米
最大航程	1200千米

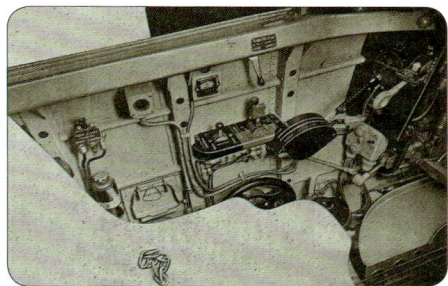

▲ 菲亚特 G.55 做工精致，左图为 G.55 驾驶舱左侧，右图为 G.55 驾驶舱右侧

◀ G.55 驾驶舱前视图

■ 知识链接

　　截击机是战斗机的一种，它的主要任务是保卫重要城镇、战略要地和交通枢纽不被空袭。截击机具有快速反应的特点，不论白天黑夜，接到报警后能够立即起飞，迅速到达指定空域。由于被截击的轰炸机和侦察机机动能力不强，截击机的机动性也很有限。为了及时发现目标，截击机一般装备有高性能的雷达，同时装备多枚威力巨大的空空导弹，以便于击落敌机。

MACCHI C.200
MC.200战斗机（意大利）

■ 简要介绍

MC.200战斗机是意大利研制的一种新型单座战斗机。它是二战初期最先进的战机之一。1941年在东线与苏联红军作战时，一度成为东线第二大高速战斗机。MC.200战斗机在意大利军队参战的所有战场中都相当活跃，其足迹遍及北非、巴尔干、希腊和苏联。

■ 研制历程

1935年，按照意大利空军要求开始了新型战斗机研制。不久，在工程师马里奥·卡斯托迪领导下，推出了一种新型上单翼的单座战斗机。1937年12月24日，第一架原型机在试飞员布雷伊驾驶下首次试飞，发现了一些难题，比如发动机功率不足、续航力不够。但最主要的问题源于上单翼的设计，最终，问题通过改为下单翼设计而得到了解决。并且很快证明了该飞机比Re.2000以及菲亚特的G.50这些飞机具有更优越的性能。

1940年夏季开始服役。1943年9月8日意大利投降之日，共生产1153架的MC.200仅残留不到100架。战后，MC.205飞机仍继续生产了一段时期，直至1948年停产。

▶ 意大利空勤人员与MC.200 战斗机合影

▲ MC.200 战斗机

基本参数	
长度	8.19米
翼展	10.58米
高度	3.51米
空重	1778千克
动力系统	FiatA.74RC.38发动机
最大航速	512千米 / 小时
实用升限	8750米
最大航程	870千米

■ 作战性能

　　MC.200战斗机的武器装备为机首的2挺12.7毫米机枪，可穿过螺旋桨射击。这种新型飞机的机身具有漂亮的流线型，动力装置的设计类似G.50，但发动机罩有所不同。MC.200战斗机是全金属结构，座舱可以向飞行员提供良好的视野。

▲ MC.200 机群

■ 知识链接

　　二战期间在苏联，MC.200经历了极其恶劣的气候考验。飞机的加热器和鼓风机经常工作不充分，为了启动发动机必须把启动装置和发动机油预热。在这样恶劣的条件下，意大利空军的MC.200飞行员以损失15架的代价获得了击落苏联飞机88架的战果。1943年1月17日，意大利第21航空群在苏联前线完成了最后的战斗任务。

MACCHI C.205

MC.205战斗机（意大利）

■ 简要介绍

MC.205战斗机是意大利研制的一种战斗机，MC.205和Re.2005、G.55飞机一同被称为意大利战斗机的"5"系列，这三种飞机代表了战时意大利空军装备的最高水平。它初登场时，首先被指派为北非突尼斯的轴心军运输机队担任护航任务，实战记录中，曾有过在地中海上空击落14架英军的喷火式战斗机，而己方仅损失2架的战绩，被认为是能有效抗衡同盟国空军当时主力战机的新锐机种。MC.205被公认为是意大利在二战当中最厉害的国产战斗机。

■ 研制历程

MC.205战斗机由意大利马基公司研制，1942年首飞。MC.205战斗机是MC.202战斗机的改良型，把发动机换成与Bf-109G战斗机相同的DB605水冷式发动机后，在其机身下设置散热器，此外机翼加上MG151机炮，这成为MC.205和MC.202外表上最大的区别。

基本参数	
长度	8.85米
翼展	10.58米
高度	3.49米
空重	2581千克
动力系统	DB605水冷式发动机
最大航速	640千米/小时
最大航程	950千米

■ 作战性能

相对于MC.202，换了发动机的MC.205飞行性能大为精进，如在速度方面就比MC.202快了50千米/小时，整体飞行性能和Bf-109G旗鼓相当，即使面对强敌英军的喷火机也可以应付。由于火力大为增强，以往意大利战机难以击落的重型轰炸机，MC.205也可以对付。

▲ MC.205战斗机是第二次世界大战中意大利表现非常出色的一款战斗机，这款战斗机具备了非常出色的机动性能，在进行空中作战时，很少有战斗机能够跟得上它的速度，因此这款战斗机具备了很高的生存概率

■ 实战表现

1943年，意大利南部空军基地第1中队及时获得了第一批MC.205战斗机。这个中队装备了24架MC.205和9架MC.202战斗机，他们的任务是截击这一地区的全部敌军。1943年4月20日，当伯恩上尉和穆斯塔法上尉执行巡逻任务时，潘泰莱亚岛西部35千米处出现一大群敌机，意大利飞行员开始接近南非空军601中队，南非人的飞机飞得较低，意大利人企图偷偷接近敌机，但是他们遭到了从高处俯冲下来的皇家空军波兰145中队的突袭，这些敌人装备了新式的喷火战斗机，两个中队冲撞到一起，意大利人不得不以33架飞机对付60架喷火战斗机（主要是MK V或者是MK Ⅷ和Ⅸ），意大利飞行员声称击落了15架敌机，其中14架坠毁在地中海里，另一架坠毁在非洲大陆上。另外，波兰飞行员声称击落了7架敌机，南非601中队的92小队声称击落了3架。

▲ MC.205 战斗机与之前意大利所研制的战斗机相比，其火力也大大地提高了一个档次，装备了 2 挺 12.7 毫米口径机枪和 2 门 20 毫米口径机炮

■ 知识链接

马里奥·卡斯托蒂是20世纪30年代意大利最有才华的飞机设计师中的代表人物。和英国的R.J.米切尔（喷火的设计师）一样，马里奥·卡斯托蒂为马基飞机公司设计了一系列水上竞速飞机，这些飞机的研制为他积累了丰富的航空设计经验。卡斯托蒂设计的水上飞机曾经在"施奈德杯"竞速赛上获得1931年和1934年的两次冠军，达到709.209千米/小时的速度纪录，直到1984年，该纪录才被打破。

EUROFIGHTER TYPHOON

"台风"战斗机（欧洲）

■ 简要介绍

　　"台风"战斗机是一款双发动机多用途前翼加上三角翼的战斗机。它是集便于组装、高效能、匿踪性、先进航电于一体的多功能战机，与其他同级战机相比，驾驶舱的人机接口高度智慧化，可以有效减少驾驶员工作量，DASH头盔显示器极具直觉化，较少操作步骤就能达成功能，还加装了语音辨识输入可以用口语启动指令，加快操作流程速度。其作战效能可与美国F-22战斗机、"阵风"战斗机并驾齐驱，其"可靠耐用度"评估最为出色。

■ 研制历程

　　1971年英国明确了对于新型战斗机的需求。1979年，德国对于新型战斗机的需求则导致了TFK-90概念型的诞生。英国宇航和梅塞施密特-伯尔科-布洛姆公司向他们各自的政府提交了ECF（欧洲联合战斗机）的正式提案。1979年10月，法国达索加入ECF小组，三国继续开发自己的原型机，法国称为ACX、英国称为P.110和P.106、德国称为TFK-90。

　　1985年，英国宇航实验机首飞。1992年，英德意西4国为降低成本，对原方案作了调整，并计划生产7架原型机，首架原型机于1992年5月11日出厂，1994年3月27日首飞。2007年5月，改装有源相控阵雷达的"台风"战斗机成功首飞。

基本参数	
长度	15.96米
翼展	10.95米
高度	5.28米
空重	11000千克
动力系统	2台EJ200加力涡扇发动机
最大航速	2450千米/小时
实用升限	16765米
作战半径	LO-LO-LO：601千米 HI-LO-HI：1389千米

▲　"台风"战斗机驾驶舱

◀　"台风"战斗机使用的EJ200涡扇发动机是英国罗·罗公司、联邦德国 MTU 公司、意大利菲亚特公司和西班牙塞纳尔公司合作组成的欧洲发动机公司联合研制的

■ 作战性能

　　"台风"战斗机共有13个外挂点,每个机翼下各有4个,进气道正下方1个,进气道两边角落各2个半埋式挂点(装备超视距空空导弹)。一套武器控制系统(ACS)管理武器选择、发射和监控武器状况。欧洲战斗机能使用广泛多样性空空和空地武器。

▲ "台风"战斗机发射"流星"空空导弹

■ 知识链接

　　"台风"战斗机采用前置鸭式三角翼布局,鸭式布局的优点是可以提高飞机的总升力、可操纵性强、机动敏捷。缺点是设计难度较大、操纵更加复杂,会影响飞机的隐身性。

KAWASAKI KI-10
九五式战斗机（日本）

■ 简要介绍

　　九五式战斗机是日本陆军最后的双翼战斗机。川崎九五式的诞生意味着日本双翼战斗机设计的顶峰，也标志着这一代战斗机的终结。然而，它出众的机动性以及无比敏捷的缠斗性能深深影响了日军的飞行员，使他们在单翼战斗机服役多年之后，仍要求这些新飞机拥有和川崎九五式相当的机动能力。

■ 研制历程

　　1934年，中岛和川崎争夺作为日本陆军新式战斗机，虽然中岛的Ki-11单翼战斗机比川崎的Ki-10双翼战斗机速度更快，但Ki-10有着更佳的格斗和爬升性能而中标，日本陆军把Ki-10命名为九五式战斗机，因为1935年是日本皇纪2595年，九五式战斗机可说是九二式战斗机的改良型，大幅减轻其重量和风阻以及采用金属制三叶螺旋桨而成。

　　不过，虽然川崎赢得了九五式陆上战斗机，但九五式舰载战斗机却是中岛胜出。在舰载机向单翼发展的趋向势不可当时，1934年，中岛飞机公司在九〇式舰载战斗机基础上推出了九五式舰载战斗机，这是日本海军最后一款双翼战斗机，生产数量超过200架。

▲ 九五式战斗机是日本海军最后一款双翼战斗机

■ 作战性能

　　九五式战斗机的最高速度可达450千米/小时，在当时各国战斗机中是相当出色的。

基本参数	
长度	7.2米
翼展	10.02米
高度	3米
空重	1360千克
动力系统	水冷式发动机
最大航速	450千米 / 小时
实用升限	11500米
最大航程	1100千米

■ 服役情况

九五式作为海军主力战斗机的时间不长，从1937年9月开始，九五式渐被九六式取代，之后九五式只作为教练机使用直至战争结束。和九六式相比，两者格斗性能差不多，但九六式却比九五式更快。

■ 知识链接

需要指出的是当时日军有两种九五式战斗机，另一种是陆军的九五式战斗机，因为两者都是在1935年被采用。陆军九五式是装备川崎重工制Ha-9IIb水冷发动机（850匹马力）的战斗机，为了区分两者，海军的九五式要加上"舰载"两字。

▲ 九五式在机头配备了 2 支 7.7 毫米口径八九式机枪

MITSUBISHI A6M ZERO
零式舰载战斗机（日本）

■ 简要介绍

零式战斗机是日本的一型单座单发平直翼活塞式舰载战斗机，是日本产量最大的战斗机。二战初期，以转弯半径小、速度快、航程远等特点优于其他战斗机，给同盟国空军以沉重打击。零式还能挂载两枚炸弹，作为战斗轰炸机使用，有"万能战斗机"之称。不过，二战中后期，随着P-51、F-4U、F-6F等高性能战斗机的大批量投入战场，零式战斗机的优势荡然无存。

■ 研制历程

1937年5月19日，日本海军向三菱重工与中岛飞行机株式会社两家公司提出一个名为"十二试舰载战斗机计划要求书"的设计案。三菱内部专门为这个项目成立了设计小组，首席工程师是堀越二郎。

1939年3月16日，三菱名古屋工厂完成了首架12试战斗机。1939年4月1日首飞成功。1939年9月14日，日本海军认可了原型机，正式编号A6M1。

1940年7月15日，首架A6M2首飞，由于发动机功率的加大，A6M2的性能全面超过了日本海军的要求。

1940年7月21日，15架A6M2加入驻汉口的第12海军联合航空队。7月31日，日本海军正式装备12试舰载战斗机。1940年正式采用，该年是日本皇纪2600年，因此被称为"零式舰载战斗机"。该机总计生产约10449架。

◀ "翔鹤"号航母上准备起飞的零式战斗机

基本参数	
长度	9.06米
翼展	12米
高度	3.5米
空重	1680千克
动力系统	1台瑞星13型发动机（原型） 1台荣12型发动机（生产型）
最大航速	533.4千米/小时
最大航程	3350千米

■ 作战性能

零式战斗机采用了密封气泡形座舱，使用大块透明玻璃，形成大视界座舱，使飞行员前后视野良好。首次采用全封闭可收放起落架，首次为飞行员装备了电热飞行服、大口径机关炮、恒速螺旋桨、可抛弃的大型副油箱等设备。机翼内装备了2门九九式1型20毫米机关炮，每门携弹60发，机首装备了2挺九七式7.7毫米机枪，每挺携弹300~700发，火力超越了九六式战斗机，也超越了同期欧美战斗机的火力。

▲ 1943 年，飞越所罗门群岛的零式战斗机

■ 知识链接

太平洋战争初期，日本海军有300架零式，其中有250架用于太平洋战区，全部是零式二一型，参与了偷袭珍珠港和菲律宾攻略战等战役，由于机动性和续航力比当时的F-2A、F-4F、P-40等战机要占优，再加上盟国准备不足，缺乏对零式特性的正确分析，采用错误的一战体系空战战术，导致在开战后几个月里，太平洋地区的同盟国空军在与零式战斗机对战中损失了约2/3的飞机。

TYPE 97 FIGHTER
九七式舰载攻击机（日本）

■ 简要介绍

　　九七式舰载攻击机是日本海军于二战前开发的舰载攻击机，是二战中第一代舰载攻击机，其设计是成功的，也较为实用。曾先后配备在27个陆上基地及19艘航母的几十支飞行队内，包括"凤翔"号、"赤城"号、"加贺"号、"龙骧"号和"苍龙"号。九七式舰载攻击机几乎参与了太平洋战争中日本所有重要战役。

■ 研制历程

　　1935年，日本帝国海军对三菱重工业以及中岛飞机公司两家飞行器制造商提出了设计新型舰载攻击机的要求。三菱重工和中岛飞机公司开始竞标，分别推出了九七式1号舰载攻击机和九七式2号舰载攻击机，由于二者不相上下，于是都获军方通过。

　　中岛公司的九七式1号舰载攻击机原型机于1935年年底完工，1936年1月首次试飞。在推出1号机型后，1939年，中岛又推出了使用"荣"系列发动机的九七式三号舰载攻击机。一般提到此型机种大多是指产量比较大的中岛制九七式舰载攻击机。

　　三菱重工于1935年11月完成九七式2号舰载攻击机原型机，1937年开始生产，1940年停产，三菱生产了125架九七式2号机，随后也没有改良型推出。

基本参数	
长度	10.3米
翼展	15.51米
高度	4.8米
空重	2200千克
动力系统	中岛"荣"11型空冷星型发动机
最大航速	377千米/小时
实用升限	7640米
最大航程	1993千米

■ 作战性能

　　九七式舰载攻击机是日本航母的主力攻击机，其飞行速度快。在海战中，它更多用于水平（飞行）轰炸、鱼雷攻击和远距离侦察，是一种火力较猛的战术飞机。典型攻击方式有两种：挂一枚800千克穿甲炸弹轰炸大型舰只甲板及上层建筑，投弹高度至少3000米，5机密集编队，同时掷弹；或挂一枚鱼雷，俯冲角为零，速度保持在278千米/小时~351千米/小时，投雷高度100米，也是多机编队行动。由于各项性能没能逐年改善，所以要保持一定的生存性和突防成功率是困难的，随着1942年后战绩不再显赫，其在海空大战中所占的地位也逐步下降。

▲ 中途岛海战中，"约克城"号航母被九七式舰载机击中瞬间

■ 知识链接

　　从1941年偷袭珍珠港开始，九七式舰载攻击机就跟随日本海军舰队四处征战：珍珠港事件中，出动143架九七式舰载攻击机；珊瑚海海战中，航母舰队携带76架九七式舰载攻击机，成功重创美国"列克星敦"号航母；中途岛海战中，日军4艘航母携带了近百架九七式舰载攻击机，成功击沉美军"约克城"号航母；瓜岛战役中，日军用九七式舰载攻击机执行对地攻击任务。

MITSUBISHI F-2

三菱F-2战斗机（日本）

■ 简要介绍

　　三菱F-2战斗机是日本航空自卫队隶属的多用途战斗机，也是接替F-1战斗机任务的后继型号。F-2在世代上属于第三代战斗机。三菱F-2是世界上第一种将主动相控阵（有源电子扫描阵列）雷达投入服役的型号。三菱F-2初期的主要任务为对地与反舰等航空支援任务，因此航空自卫队将其划为支援战斗机，换装J/APG-2之后，F-2凭借先进的电子战系统和雷达，在空空作战中也很有不错的表现，日本防卫省在平成十七年（2005年）防卫大纲废止支援战斗机和拦截战斗机分类，将F-2划为多用途战斗机。F-2凭借其良好的性能使日本继F-1战斗机"超声速零战"的绰号之后将F-2冠以"平成零战"之称。

■ 研制历程

　　1984年12月6日，日本防卫厅参谋会议开始探讨F-1后继机。1987年10月21日，日本政府宣布以F-16C/D为基础研制FS-X。1988年11月，美日两国政府签订了谅解备忘录，标志着两国间首次展开联合战斗机研制项目。美日达成协议，日本承担60%的工作份额，美国承担40%。之后，三菱重工和洛克希德·马丁公司合作研制。

　　1995年1月12日原型机出厂，10月进行首飞。第二架原型机于1995年12月13日试飞，第三和第四架原型机分别于1996年2月和4月试飞。1996年3月，正式投入量产，军方首批采购11架。2000年开始服役。

◀ 三菱 F-2 可以看作是
F-16 的放大改进型

基本参数	
长度	15.52米
翼展	11.13米
高度	4.96米
空重	9527千克
动力系统	F110-IHI-129涡扇发动机
最大航速	2450千米/小时
实用升限	18000米
最大航程	3900千米

■ 作战性能

虽然三菱F-2战斗机是F-16的改进型，但该机的机体设计已经和F-16有了较大差别，而且机载设备、武器系统乃至电传操控系统的软件，都是完全不同的，因此完全可以认为是一种全新的战斗机，作战性能十分优异。不过，日本认为F-2缺少进一步发展的潜力，主要原因在于机体较小，不如F-15和F-22，这也是F-16系列的固有问题。

▲ 三菱 F-2 先进的驾驶舱

▲ 三菱 F-2 安装有一门 20 毫米 JM61A1 机炮，可挂载美制空空导弹、制导炸弹和反舰导弹等精确制导武器

■ 知识链接

2011年3月11日，18架隶属于松岛基地的三菱F-2因东日本大地震造成的海啸淹至机场遭到水害，损失的型号以F-2B为主。防卫省而后认为这批战机仍在可修复的范围，因此将培训人员转移至三泽基地继续课程，基地人员则在4月17日开始对这些战机进行维修，先期维修的经费在2011年第一次预算修正案提出，分解检查这些战机的经费为150亿日元。

LCA FIGHTER
LCA战斗机（印度）

■ 简要介绍

　　LCA战斗机是印度研制生产的一种单座单发全天候超声速战斗攻击机，主要任务是争夺制空权、近距支援，是印度自行研制的第一种高性能战斗机，世代上属于第三代战斗机。印度的最终目标是利用LCA项目建立新的技术基础，从而覆盖与作战飞机设计和制造相关的所有领域。

◀ LCA受"幻影2000"影响很大，也采用无水平尾翼的大三角翼设计

■ 研制历程

　　LCA战斗机研发项目是印度政府在1983年提出的，作为米格-21和Ajeet战斗机的后继型，印度空军提出其作战能力必须优于美国的F-20。印度斯坦航空公司承担了研制工作，虽然包括飞机发动机在内的关键部件都从国外引进，但受国力及航空科技水平的限制，研制工作进展缓慢。直至2001年1月4日首架验证机升空，印度已耗资6.75亿美元。2016年正式服役，前后用时33年，创世界新型战斗机最长研制纪录。一架战斗机从研制到投产前后历时30多年，这在航空史上实属罕见。

基本参数	
长度	13.2米
翼展	8.2米
高度	4.4米
空重	6560千克
动力系统	F404-GE-IN20加力涡扇发动机
最大航速	2205千米/小时
实用升限	16000米
最大航程	1700千米

■ 作战性能

LCA战斗机机体的40%采用了先进的复合材料，不仅有效地降低了飞机的自重和成本，而且加强了飞机在近距缠斗中对高过载（9G~-3.5G）的承受能力。机体复合材料、机载电子设备以及相应软件都具有抗雷击能力，这使LCA能够实施全天候作战。LCA的气动外形经过广泛的风洞试验和复杂的计算机分析，结果产生了类似幻影–2000的布局。该型采用无水平尾翼的大三角翼设计，这种气动外形能够在确保LCA轻小型的同时，最大限度地减少操纵面，扩大外挂的选择性、增强近距缠斗的能力，同时继承了无尾三角翼优秀的短距起降能力。虽然在一定程度上牺牲了高速性能，但印度军方认为，现代空战强调的是高机动性以及视距外打击能力，没有必要追求更快的飞行速度。

▶ LCA 战斗机从 1983 年开始正式研制，2016 年正式服役

■ 知识链接

2018年2月，印度宣布考虑为LCA战斗机换装法国相控阵雷达与发动机。计划为LCA换装的法制雷达，实际上就是在"阵风"战斗机的雷达基础上简化而来的。这样就能和印度购买的36架"阵风"战斗机形成高低搭配，能系统地简化主力战机的使用成本与维护压力。

SAAB 35 DRAKEN
萨博-35 "龙" 战斗机（瑞典）

■ 简要介绍

　　萨博-35战斗机, 代号"龙", 是瑞典研制的一种多用途超声速战斗机, 是一种单座全天候截击机, 能够在小型机场(包括公路跑道)上起落, 并能以M1.4～M1.5的速度对轰炸机进行截击, 也能携带相当数量的武器载荷完成对地攻击任务, 另外还能执行照相任务。它是20世纪60年代瑞典空军的主力战斗机。自萨博-35"龙"服役之后, 瑞典再没有购买国外战斗机, 结束了防空作战需要"外援"的历史。

■ 研制历程

　　1949年, 应瑞典皇家空军委员会提出的要求, 萨博公司开始进行代号"项目1200"的新机预研。1951年开始设计, 1955年10月原型机首次试飞, 预生产型于1958年2月15日试飞。1960年3月, 萨博-35"龙"进入瑞典空军服役。

　　萨博-35"龙"战斗机有多种型号, 其型别有A、B、D、F型, 是具有对地攻击能力的截击机; C型, 双座教练型; E型, 战术照相侦察型; XD型是向丹麦出口的攻击/侦察型; XS型是向芬兰出口的截击型。

基本参数	
长度	15.35米
翼展	9.4米
高度	3.89米
空重	7450千克
动力系统	RM6C加力涡喷发动机
最大航速	2450千米/小时
实用升限	18300米
最大航程	3250千米

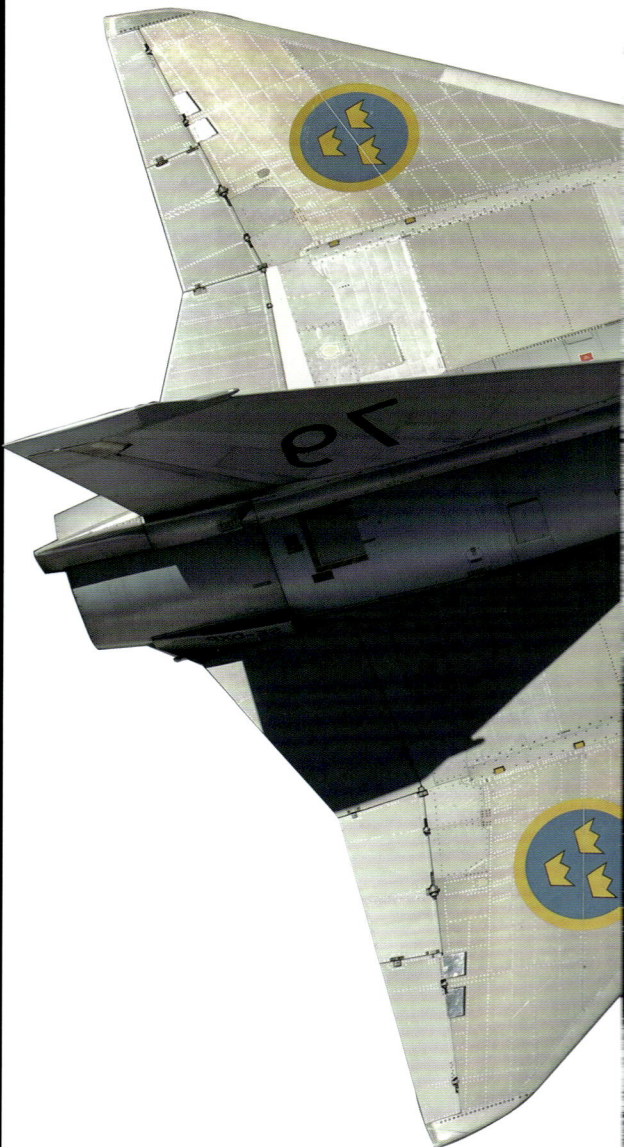

■ 作战性能

萨博-35"龙"安装有9个外挂架，可以挂载4枚"响尾蛇"或"苍鹰"空空导弹、火箭、空地导弹、炸弹。此外安有一门30毫米"阿登"机炮。萨博公司在设计该机的时候还没有发展出跨声速面积率理论，这对它的超声速性能有一定的影响。因其整个结构基本比较平直，原来认为它笨重而不灵活，但事实恰恰相反，双三角翼的气动布局使其拥有不错的近距格斗性能。

■ 外销情况

萨博-35XD供出口的攻击/侦察型。外形与F型相同。攻击能力与航程有所提高，载油量增加30%，机翼结构加强，最大载弹量达4500千克(挂9颗500千克炸弹)。由于还用于侦察任务，机头可装E型用的设备。带9颗500千克炸弹时的起飞滑跑距离增至1210米。1968—1971年为丹麦生产了20架战斗轰炸型、20架侦察型和6架双座教练型。1973年年末，丹麦又订购5架双座教练型。侦察型带"红男爵"夜间侦察吊舱。

▶ 萨博-35战斗机惊世骇俗的机翼和垂尾使这架飞机的外形十分前卫，其独特的设计带来了非常意想不到的效果，眼镜蛇机动动作是人类首次在萨博-35上实现的

▶ 萨博-35战斗机进气口设计成了三角形，位置布置在翼根部

■ 知识链接

萨博-35战斗机诞生的年代非常早，其于1960年量产并服役。这是一款具备超声速能力的多功能战机，是20世纪60年代到80年代瑞典航空的主力战机。萨博-35历来以多用途战机见长，也是一款可以执行多种作战任务的机型。它发展出了多个版本，在空中截击、对地打击以及侦查等任务上，都有不错的表现。

SAAB JAS 39 GRIPEN
JAS-39 "鹰狮" 战斗机 （瑞典）

■ 简要介绍

JAS-39战斗机，代号"鹰狮"，是瑞典研制的全天候全高度战斗/攻击/侦察机。在世代上属于第四代战斗机。它用以取代萨博-37战斗机，其"JAS"为瑞典文中的"Jakt"（对空战斗）、"Attack"（对地攻击）、"Spaning"（侦察）的缩写，为一型战斗、攻击、侦察兼具的多功能能战斗机。它是当今世界上一款十分优异的战斗机，备受瞩目。

■ 研制历程

20世纪70年代后期，当瑞典空军编制JAS-39的技术要求的时候，是准备用它来替代萨博-35战斗机和萨博-37战斗机的，着重强调飞机的"变用途"能力和飞机的空中优势能力，因此命名为JAS-39战斗、攻击、巡逻多用途机。

当时，华沙条约国和北约成员国的飞机经常进入瑞典的领空。瑞典空军希望寻求一种能够对抗苏联的苏-27战斗机的飞机。瑞典情报部门预测，在JAS-39飞机的服役过程中，苏-27是它可能遇到的最大的威胁。

JAS-39战斗机由瑞典萨博公司主持研制，1988年12月9日，原型机试飞。1993年3月4日，第一架量产型试飞。

▲ JAS-39 先进的座舱，大大减轻了飞行员的工作负荷，明显地提高了飞机的作战效率

▲ JAS-39 "鹰狮" 的布局形式的优点之一是通过同时偏转鸭翼和升降舵可以产生直接升力

■ 作战性能

它是作为空中优势战斗机进行设计的，但在首次进入服役时却是作为攻击机使用的。执行对地攻击任务的时候，"鹰狮"飞机可以携带多种武器，主要是Hughes公司的AGM-65A/B"幼畜"（Rb75）空-地导弹和DWS-39防区外子母小炸弹散布器。"幼畜"导弹是经过实战检验的电视制导导弹，射程约3千米，携带57千克的战斗部，用于攻击坦克和其他装甲目标。

基本参数	
长度	15.35米
翼展	9.40米
高度	3.89米
空重	7450千克
动力系统	RM6C加力涡喷发动机
最大航速	2450千米／小时
实用升限	18300米
最大航程	3250千米

■ 外销情况

　　JAS-39战斗机首飞于1988年，之后向全世界推销，已服役于瑞典、捷克、匈牙利等国空军，并于南非空军中成军。2007年10月，泰国国会也已批准首批6架JAS-39战斗机订单。JAS-39已经成为当今世界最具关注度、最畅销的战斗机之一。

▲ JAS-39 战斗机可以携带多种武器，包括空空导弹、空地导弹、激光制导炸弹和火箭发射巢

■ 知识链接

　　JAS-39战斗机一直以低成本作为发展策略，其动力、武器和航电性能中庸，难以对大客户形成足够吸引力。后期JAS-39的全面升级，使其性能有了跨代的大变化，但造价也剧增，出口瑞士的单机报价达到1.48亿美元。因此，瑞典不得不采用合作方式，以分摊不菲的经费，现多国已有购买意向。

图书在版编目（CIP）数据

战斗机 / 吕辉编著 . — 沈阳 : 辽宁美术出版社，
2022.3
（军迷·武器爱好者丛书）
ISBN 978-7-5314-9122-4

Ⅰ . ①战… Ⅱ . ①吕… Ⅲ . ①歼击机—世界—通俗读
物 Ⅳ . ① E926.31-49

中国版本图书馆 CIP 数据核字 (2021) 第 256719 号

出 版 者：辽宁美术出版社
地　　址：沈阳市和平区民族北街29号　邮编：110001
发 行 者：辽宁美术出版社
印 刷 者：汇昌印刷（天津）有限公司
开　　本：889mm×1194mm　1/16
印　　张：14
字　　数：220千字
出版时间：2022年3月第1版
印刷时间：2022年3月第1次印刷
责任编辑：张　畅
版式设计：吕　辉
责任校对：郝　刚
书　　号：ISBN 978-7-5314-9122-4
定　　价：99.00元

邮购部电话：024-83833008
E-mail：53490914@qq.com
http://www.lnmscbs.cn
图书如有印装质量问题请与出版部联系调换
出版部电话：024-23835227